田中 修
丹治邦



# 植物はなぜ毒があるのか

## 草・木・花のしたたかな生存戦略

GS
幻冬舎新書
583

# はじめに

植物たちは、地球上のすべての動物の食糧を賄って生きています。動物は、食べるものによって、草食性、肉食性、雑食性に分けられます。草食性の動物は、植物たちを食べて生きています。肉食性や雑食性の動物は、動物の肉を食べます。しかし、その肉がどのようにつくられてきたかをさかのぼると、植物たちのからだや植物たちがつくり出すものに行きつきます。つまり、植物たちには、動物に食べられる宿命があります。

もし、すべての植物たちが、絶対に食べられないような防御の姿勢をとったとしたら、私たち人間を含めて、地球上のすべての動物は絶滅してしまいます。たとえば、すべての植物たちがものすごい猛毒を身につけるとか、全身を鋭いトゲで覆うなどした場合です。

でも、植物たちはそのようなことは、のぞんでいないでしょう。花粉を運んでもらうことを、ハチやチョウチョなどの虫、メジロやヒヨドリなどの鳥に託します。また、動物に果実を食べてもらい、タネをまき散らしてもらいます。タネは、動物に飲み込まれたら、糞《ふん》としてどこかにまいてもらえます。すると、植物たちは自分で動きまわることなく、生育する地域を広げていくことができます。

　ですから、植物たちは、「動物にちょっとくらい食べられてもいい」と思っているはずです。でも、植物たちは、動物に食べ尽くされてしまってはたまりません。そのために、多くの植物たちはいろいろな仕組みや工夫を凝らしています。

　その一つの方法が、有毒な物質を身につけることです。植物たちがその目的のために有毒な物質をつくり出すようになったかどうかは、定かではありません。

　しかし、結果として、多くの植物たちがもつ有毒な物質は、動物に食べられることから植物たちのからだを守っていることは確かな事実です。また、それらの物質は、病原菌の感染から防御していることもあります。そのような物質をつくり出す植物たちが生き残っているのです。

　有毒な物質をもつ植物たちとして知られているかいないかは別にして、また、植物たちがもつ物質の有毒性が強いか弱いかは別にして、この世に生き残っている多くの植物たちは有毒な物質をもっていると考えたほうがいいはずです。

　そのため、私たちが、身近なところにある見知らぬ植物たちの葉っぱや茎を食べれば、きっと下痢をしたり吐き気がしたりするはずです。だから、動物も、むやみに、さまざまな植物たちを食べることはありません。

また、動物は、植物たちを食べ尽くしてしまっては、そのあと生きていけません。ですから、植物たちは食べ尽くされてしまうことはありません。

しかし、動物は植物たちを食べなければ生きていけません。

そのため、それぞれの動物は、有毒な物質を含まない部分を食べたり、自分には危害が及ばない程度の量しか食べなかったり、植物たちの毒を無毒化する力をもっていたりして、植物たちとともに生きてきました。

私たち人間も動物ですから、他の動物と同じようにして、植物たちを食べています。しかし、私たち人間はそれだけではありません。私たちは食べることができる植物たちを栽培するという方法で、植物を食糧としてきました。

それにとどまらず、私たちは、もっと積極的に、植物たちのつくり出す毒を使用することにしました。植物たちのもつ有毒な物質を、殺菌剤や殺虫剤として使い、有害な病原菌や虫を退治することに利用したのです。

また、自分たちの病気を治すための薬として役に立てることを思いつきました。有毒な物質の濃度や量を調節したり、熱などで加工することにより構造を少し変えたりして、薬にしました。

植物たちがもつ有毒な物質をめぐって、私たち人間は、そのような営みを続け、植物たちと共存・共生してきました。本書では、そのような営みや、それを介してわかってきたことなどを紹介しています。

また、植物たちがつくり出す物質には、私たちの暮らしや健康長寿に貢献する無限の可能性が秘められています。日本のみならず、世界中の大学や研究機関で、日夜、その可能性を現実のものにする研究が続けられており、それらのいくつかを取り上げました。

本書が、植物たちがもつ有毒な物質についての理解を深め、植物たちの生き方についての興味を喚起するきっかけになることを望んでいます。

2020年3月

田中 修

丹治邦和

# 植物はなぜ毒があるのか／目次

はじめに 3

第1章 注意！ 有毒物質をもつ身近な植物 17

（1）植物の毒による食中毒事故の患者数ナンバーワンはジャガイモ 20

ジャガイモによる食中毒は毎年学校でおこっている 20

なぜ、学校菜園で栽培されたジャガイモは、有毒な物質をつくるのか？ 22

栽培に欠かせぬ二つの作業とは？ 24

家庭の電灯でも緑色に変わる！ 27

ソラニンやチャコニンとは、どのような毒なのか？ 30

毒をつくらないジャガイモは発芽しなかった 33

（2）ニラとそっくりなスイセンに要注意 36

美しい花には、毒があるか？ 36

スイセンがつくる有毒物質とは？　40

**(3) ヒガンバナ科の3種の植物にも、要注意！**　44

スノーフレーク、スノードロップ、タマスダレ　44

**(4) 人が亡くなることもあるイヌサフランの毒**　45

イヌサフランって、どんな植物？　45

**(5) チョウセンアサガオで急性脳症**　49

華岡青洲が使った麻酔の主な原料とは？　49

**(6) カンピョウの原材料、ユウガオで食中毒？**　51

「瓢箪から駒」でなく、「ヒョウタンからユウガオ」？　51

接ぎ木苗の台木には、注意！　54

**(7) 毒薬界のスーパースター**　56

毒薬といえばトリカブト　56

トリカブトの毒は、フグの毒に勝つか？　59

**(8) ベラドンナは、「美しい貴婦人」を生む？**　62

ベラドンナって、どんな植物？　62

なぜ、ベラドンナは有毒なのか？　64

(9)「日本に自生するベラドンナ」とは?　66

幻覚症状をおこすハシリドコロ　66

(10)アジサイの毒から、薬が生まれる?　68

アジサイの葉っぱを食べてはいけない!　68

(11)ヨウシュヤマゴボウの実や根を食べてはいけない!　70

ヨウシュヤマゴボウとは?　70

(12)取り扱いに注意! 身近な4種の植物　72

ビワのタネを食べてはいけない!　73

スズランの茎を口に咥えてはいけない!　77

キョウチクトウの枝には、要注意!　80

加熱しないと食中毒をおこす豆　82

(13)注意を要するセリ科の2種類　85

ドクゼリとドクニンジン　85

(14)観葉植物にも要注意!　86

「食べられないイモ」とは?　86

(15)死亡事故もあるバイケイソウ・コバイケイソウ　88

〝苦味〟を見逃すな！　88

## 第2章　人間以外の生き物に毒になる物質　93

(1)ジョチュウギクがつくる物質　94
「蚊取り線香」の原料は？　94
ジョチュウギクが、蚊を退治する成分は？　99
蚊取り線香は、人間に有害ではないのか？　100
(2)クスノキがつくる物質　102
植物の香りはストレスを解消するか？　102
なぜ、植物の香りが防虫剤になるのか？　106
(3)ヒノキがつくる物質　108
「宮殿の建築に使え」といわれた樹木は？　108
「三大死因」の陰に肺炎あり？　113
肺炎を抑える〝植物の香り〟とは？　115

第3章　毒が薬にも！植物から生まれたお薬　119

（1）スイセンの毒は、認知症を防ぐのに役立つか？　120
スイセンの毒は、認知症の薬となるか？　121
（2）イヌサフランが生んだお薬　123
「毒変じて薬となる」ための成分とは？　123
（3）トリカブトが生んだお薬　126
毒薬界のスーパースターが漢方薬に　126
（4）クソニンジンが生んだお薬　128
人類の最大の死因とは？　128
1600年前の書物がノーベル賞のヒントに！　132
今までの治療薬は？　135
（5）ヤナギが生んだお薬　136
ヤナギのもつ成分とは？　136
「薬の王様」の効き目とは？　139

**(6)ニンニクから生まれたお薬とは？** 142
ガンを予防する食材ピラミッドの頂点は？ 142


## 第4章 上手に摂ると役に立ってくれる植物たち 147

**(1)100歳長寿を支えるヘマトコッカス** 148
100歳以上の人が食べていたものとは？ 148
ヘマトコッカスがつくるアスタキサンチンのパワー 152
**(2)長寿にもダイエットにも良いコーヒー** 155
1日に何杯のコーヒーが健康に良いのか？ 155
どのように、コーヒーはからだに良いのか？ 159
カフェインの過剰摂取には、注意！ 162
**(3)グレープフルーツ・じゃばら・チャ** 165
心臓を守るグレープフルーツ 165
香りで痩せる！ 167

花粉症を和らげる成分とは？　169
カテキンとナリルチンのダブル効果に期待　173
(4)トウモロコシやジャガイモがつくる物質　176
なぜ、和菓子のお餅は硬くならないのか？　176
甘いけれども、カロリーゼロの糖はあるのか？　180

## 第5章　薬の効果を無効にしてしまう植物　185

(1)薬の効果を消すグレープフルーツ　186
いっしょに飲んだら危険な薬とは？　186
(2)納豆のビタミンKにはご用心　190
納豆と薬との食べ合わせに、注意！　190
(3)キャベツにも注意することがある！　193
キャベツが効果を弱める薬とは？　193

## 第6章　長寿と植物
## ～ガン、認知症と植物の話


第6章　長寿と植物　～ガン、認知症と植物の話　199

**（1）ダイズ**　202
ダイズの成分の何が健康に良いのか？　202
大豆レシチンの期待される効果とは？　205

**（2）ニンニク**　207
ニンニクには、国際シンポジウムがある！　207
ニンニクが認知症を防ぐのはほんとうか？　210

**（3）オリーブ**　213
地中海沿岸地方では、「不老長寿の秘薬」　213
人口2000人のうち300人が100歳以上の地域がある　216
日野原博士のオリーブオイル健康法　219
オレオカンタールは老人斑を減らす　221

**（4）ウコン**　222
ウコンの〝力〟とは？　222
ウコンは、認知症を防ぐか？　225

おわりに 228
参考論文・報告書 231
参考文献 234

図版・DTP 美創

第1章

# 注意！ 有毒物質をもつ身近な植物

多くの植物たちは、動物に食べ尽くされないために、また、病原菌に感染しないために、有毒な物質を身につけています。私たち人間が、そのような植物たちと共存・共生し、共栄していくためには、植物たちがつくり出す有毒な物質に正しい知識をもつことが大切です。

厚生労働省は、ホームページに、「自然毒のリスクプロファイル」を掲載し、食中毒にかからぬように注意を喚起しています。このファイルでは、動物性自然毒と植物性自然毒に分けて、体内に有毒な物質をもつ生き物が紹介されています。

この植物性自然毒の中には、キノコがつくるものが含まれていますが、高等植物についても、二十数種類が取り上げられています。本章では、それらの中から、平成21年〜平成30年の10年間で食中毒の事件数や患者数の多かったものに、私たちが身近に栽培したり食べたりしている植物を加えて紹介します。

## 過去10年間の有毒植物による食中毒発生状況
（平成21年〜30年）

| 植物名 | 間違えやすい植物の例<br>（「自然毒のリスクプロファイル」より） | 事件数 | 患者数 | 死亡数 |
|---|---|---|---|---|
| スイセン | ニラ、ノビル、タマネギ | 48 | 180 | 1 |
| バイケイソウ | オオバギボウシ、ギョウジャニンニク | 16 | 33 | 0 |
| チョウセンアサガオ | ゴボウ、オクラ、モロヘイヤ、アシタバ、ゴマ | 16 | 39 | 0 |
| ジャガイモ | ※親芋で発芽しなかったイモ、光に当たって皮がうすい黄緑〜緑色になったイモの表面の部分、芽が出てきたイモの芽及び付け根部分などは食べない。 | 21 | 346 | 0 |
| クワズイモ | サトイモ | 13 | 26 | 0 |
| イヌサフラン | ギボウシ、ギョウジャニンニク、ジャガイモ、タマネギ | 13 | 19 | 8 |
| トリカブト | ニリンソウ、モミジガサ | 8 | 12 | 3 |
| コバイケイソウ | オオバギボウシ、ギョウジャニンニク | 5 | 13 | 0 |
| ヨウシュヤマゴボウ | ヤマゴボウ | 4 | 4 | 0 |
| ハシリドコロ | フキノトウ、ギボウシ | 3 | 8 | 0 |
| 観賞用ヒョウタン | ヒョウタン | 3 | 20 | 0 |
| アジサイ | ※アジサイの葉や花が料理の飾りに使われる場合がありますので要注意 | 1 | 5 | 0 |
| ドクゼリ | セリ | 1 | 4 | 0 |
| スノーフレーク | ニラ | 2 | 5 | 0 |
| ジギタリス | コンフリー（現在、食用禁止） | 1 | 1 | 0 |
| その他（タマスダレ、ヒメザゼンソウ等） | | 17 | 51 | 0 |
| 不明 | | 4 | 14 | 0 |
| 合計 | | 176 | 780 | 12 |

出処：厚生労働省HP
https://www.mhlw.go.jp/stf/seisakunitsuite/bunya/kenkou_iryou/shokuhin/yuudoku/

## （1）植物の毒による食中毒事故の患者数
## ナンバーワンはジャガイモ

### ジャガイモによる食中毒は毎年学校でおこっている

２０１９年7月9日、兵庫県宝塚市の市立小学校で食中毒が発生しました。5年生30人が家庭科の調理実習でつくった料理を食べ、そのうち、男女13人が腹痛を訴え、吐き気を催し、病院へ運ばれたのです。

13人のうち、5人はその日に手当てを受けて帰宅しましたが、8人が入院しました。幸いにも、そのあと、全員が快方に向かい、2日後の11日には、13人がそろって無事登校することができ、この食中毒騒ぎは事なきを得ました。

宝塚市の教育委員会は、「その日、児童らは、校内の畑で収穫したジャガイモとインゲンマメを使って2時間目の授業で調理し、粉吹き芋などの料理を食べた」と発表しています。調理の実習には、家庭科の教諭が立ち会って指導したとのことでした。

兵庫県宝塚健康福祉事務所（保健所）が、この騒ぎの原因をくわしく調べました。その結果、「この食中毒は、校内の畑で栽培されたジャガイモに含まれるソラニンという物質によるものである」と断定されました。この物質の名前は、ジャガイモが属するナス属を示す「ソラナム」にちなんでいます。

ジャガイモに含まれる有毒な物質が、食中毒騒ぎをおこしたのです。厚生労働省によると、有毒な植物による食中毒のうち、平成21年〜平成30年の10年間にジャガイモを食べて食中毒になった人が３４６人おり、ジャガイモは、もっとも食中毒の頻度が高い植物となっています。

これらの原因は、宝塚市の市立小学校でおこった場合と同じように、ジャガイモに含まれるソラニンです。ジャガイモには、ソラニンとよく似た構造をしたチャコニンという有毒な物質も含まれており、これもジャガイモがおこす食中毒騒ぎに関与していると考えられています。

ジャガイモは、八百屋さんやスーパーマーケットなどで売られており、多くの人々に食べられています。しかし、市販されているジャガイモで食中毒騒ぎがおこったことは、あまり耳にしません。といっても、市販されているジャガイモが、食中毒騒ぎをおこす可能性がないわけではありません。

私たちは、「ジャガイモの芽には、有毒な物質が含まれている」ということをよく知っています。ソラニンやチャコニンという名前が知られているかいないかを別にして、「芽を出しはじめたジャガイモは、そのまま食べてはいけない」ということはよく知られています。

ですから、家庭で調理するときには、もしジャガイモに芽が出かかっていたら、その芽は必ず深く取り除かれます。そのため、市販されているジャガイモが食中毒騒ぎをおこすことは、滅多にありません。

## なぜ、学校菜園で栽培されたジャガイモは、有毒な物質をつくるのか？

ジャガイモの食中毒は、主に学校菜園で栽培され、収穫されたジャガイモが引きおこしています。２０１６年10月、国立医薬品食品衛生研究所の調査で、ジャガイモの食中毒事件の９割は学校菜園でおこっていることが発表されました。

このことは、６月、７月ごろに、この食中毒事件が多くおこっていることからも裏づけられます。

ジャガイモには、大きく分けると、２月〜３月ごろに植えて、６月ごろに収穫される

「秋ジャガイモ」があります。しかし、不思議なことに、秋ジャガイモが学校で食中毒騒ぎをおこしたことはほとんどありません。「なぜ、学校での食中毒事件が、春ジャガイモで多くおこり、秋ジャガイモではあまりおこらないのか」との疑問が浮かびます。

この疑問に対する答えは、「秋ジャガイモが、有毒な物質をつくるという性質をもたない」ということではありません。秋ジャガイモを植えつける時期が、8月だからです。8月は、学校が夏休み中なので、学校菜園では、秋ジャガイモの植えつけが行われることはありません。

つまり、学校菜園で秋ジャガイモが収穫されて調理されるという機会は、ほとんどないのです。このことからも、ジャガイモの食中毒は学校菜園で栽培されたジャガイモが主な原因だと裏づけられます。

では、「なぜ、学校菜園で栽培され収穫されたジャガイモは、有毒な物質をつくるのか」という大きな疑問が浮かびます。

家庭でジャガイモを調理するときには、芽が出ていれば完全に〝芽かき〟をします。この場合の芽かきとは、芽が出てしまったジャガイモを調理するときに芽の部分を深く取り除くことです。

ところが、有毒な成分は、芽を出しはじめたジャガイモの芽の部分だけに含まれているとは、限らないのです。表皮が緑色になった部分や、未熟な小さなジャガイモにも有毒な成分は含まれているのです。

学校菜園などで収穫されるジャガイモには、表皮が緑色になった部分や、未熟な小さなものがめずらしくありません。学校菜園では、栽培を指導する先生に、「せっかく子どもたちが栽培したものだから、捨てるのはもったいない」との思いがあるのでしょう。そのため、表皮が少々緑色であっても、あるいは、未熟で小さいものであっても、これらのジャガイモが収穫されて調理されることがあるのかもしれません。

「なぜ、学校菜園では、表皮が緑色になった部分をもつジャガイモや、未熟な小さなジャガイモができてしまうのか」との疑問が浮かびます。この原因は、ジャガイモの栽培方法にあります。学校菜園では、大切な二つの作業が栽培で見落とされがちになるのです。

## 栽培に欠かせぬ二つの作業とは？

一つ目は、「芽かき」という作業です。この言葉は、芽が出たジャガイモを調理するときだけではなく、地上に出てきた芽生えを取り除くときにも使われるのです。

ジャガイモは、タネがまかれて栽培されることは、ほとんどありません。栽培のためのタネイモが植えられて、栽培がはじまります。植えられたジャガイモの表面にある〝くぼみ〟の部分から芽が出てくるのです。

ジャガイモのイモは、根が肥大したものと思われがちですが、茎が肥大したものです。だから、ジャガイモのイモの部分は「塊茎」とよばれ、芽を出す能力があるのです。栽培のために植えられるイモは、「種イモ」とよばれます。

種イモを植えておけば、芽が元気に出てくるのですが、出てくる芽生えの本数が多過ぎることがあります。それぞれの芽生えには、ジャガイモをつくる能力があります。でも、すべての芽生えがジャガイモをつくり出すと、狭い範囲に多くの芽生えが密集して育つため、それらが光や養分を奪い合い、大きいイモができにくいのです。

芽生えの本数が多くなると、小さなジャガイモが多くできます。小さなジャガイモが未熟なものとは限りませんが、小さなジャガイモが未熟なのか成熟しているのかの判別はむずかしいのです。そのため、小さなジャガイモは、きちんと成熟する前に収穫されがちになります。

**芽かき**

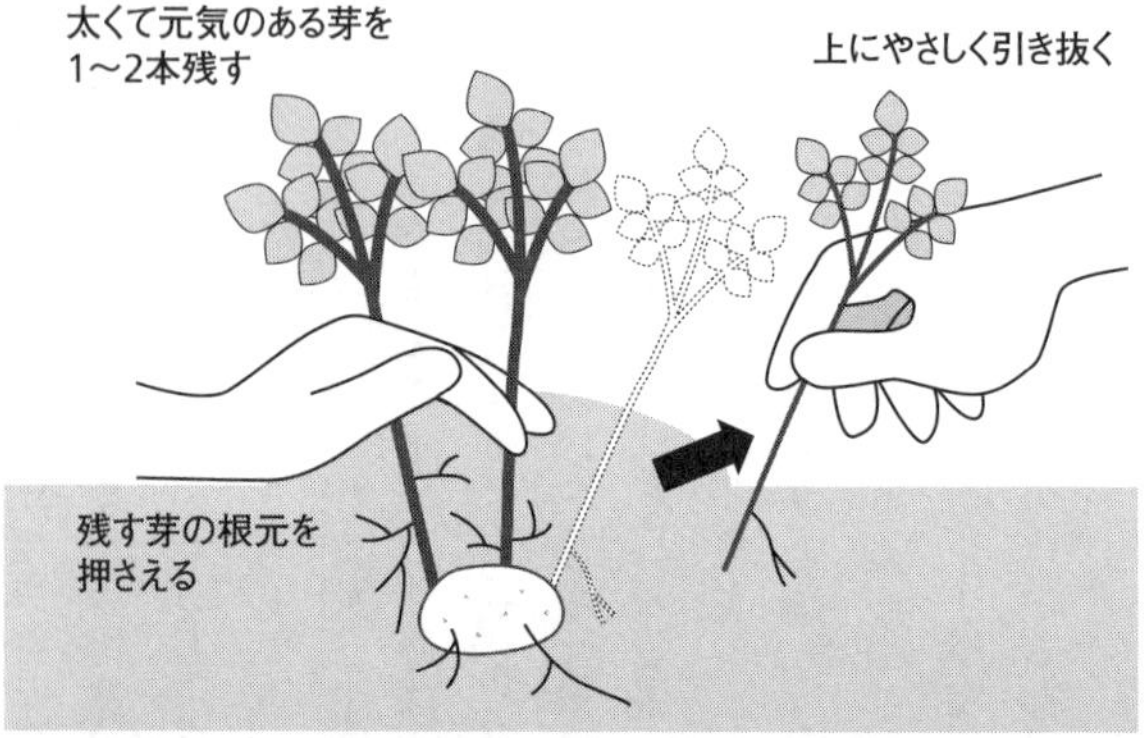


一つの種イモからは、たくさんの芽が出ます。そのままにしておくと、一つ一つが大きく育たず、また、未熟なものもできてしまいます。大きくおいしいジャガイモをつくるために、8～10cmまで伸びたころに、芽かきを行います。

これを避けるために、一つの種イモから出た芽生えの本数が多い場合、〝芽かき〟で芽生えの数を減らすことが必要なのです。この芽かきは、種イモから地上部に出てきた芽生えの数を減らすことです。

芽生えが育ちはじめたときに、かわいそうですが、芽かきをして、出てきたたくさんの芽から強そうなものを2本ほど残して、他の芽は抜いて、取り除いてしまわなければなりません。学校菜園では、この芽かきの作業がなおざりにされがちなのです。そのため、小さく未熟なジャガイモが多くできてしまうのです。

「なぜ、小さく未熟なものが有毒なのか」という疑問があります。ジャガイモは、成熟するにつれて、有毒な物質の量が減ることが一つの理由です。もう一つの理由は、有毒な物質が、表皮の内側に多くあることです。小さなイモでは、大きなイモに比べて、その体積当たりにすると、表皮の部分が多くなります。そのため、有毒な物質の量が多くなります。

イモの部分が大きく肥大すれば、イモ1個当たりの有毒な物質の割合は少なくなります。しかも、成熟するにつれて、有毒な物質の量は減っているのですから、大きく肥大して成熟したジャガイモは、安全ということになります。

有毒物質が、表皮の内側に多くあるということは、ジャガイモにすれば、大切な性質なのです。表皮の近くは、虫にかじられることが多く、表皮には、芽を出すためのくぼみがあり、そこは芽を出すために大切な部分だからです。

動物にかじられる可能性が高い、イモの表皮に近い部分に、食べられることから守るために、多くの有毒な物質が含まれていると考えればいいでしょう。

## 家庭の電灯でも緑色に変わる！

学校菜園でのジャガイモ栽培で見落とされがちな大切な二つ目の作業は、「土寄せ」と

**土寄せ**

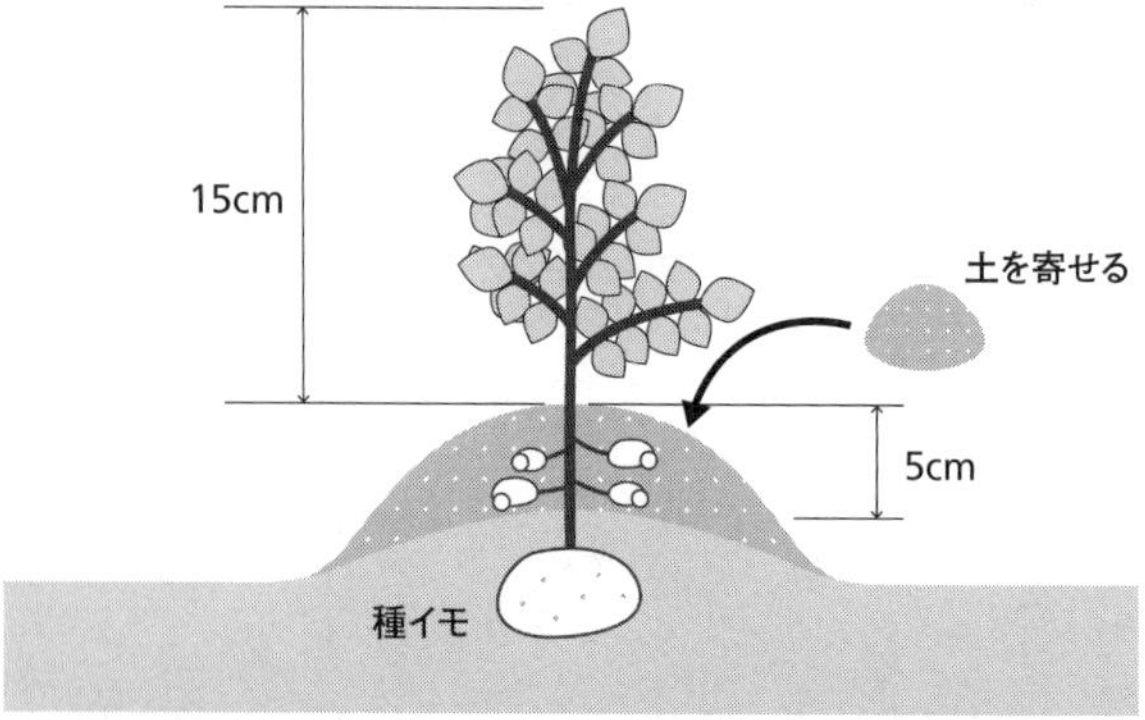


ジャガイモが育ちはじめたら、土からはみ出して太陽の光に当たり緑色にならないように、土をかぶせます。これを土寄せといいます。通常、芽が15cmほどに伸びたころと、その半月ほどあとの2回行います。

いうものです。土寄せは、畑の畝に土を寄せ、ジャガイモの株の根元に土をかぶせて、食用部となる〝イモ〟に太陽の光が当たらないようにすることです。

種イモは、畝の土の中に埋められます。その上に土がかぶせられています。ですから、地下で肥大するイモには、太陽の光が当たるはずがないと思われがちです。しかし、雨が降ったり、水をやったりするときに、畝の土は少しずつ流れます。

ですから、時々、土寄せという作業をしなければなりません。この作業がなおざりにされると、イモの一部分が地面から出て、そこに光が当たってしまいます。すると、表皮が緑色になることで、緑色の部分に、有毒な物質がつくられます。

「なぜ、ジャガイモのイモの部分に、太陽の光が当たると、緑色になるのか」との疑問が浮かぶかもしれません。**ジャガイモの食用部分は、根ではなく、肥大した茎なのです。そのため、光が当たると、緑色になるのです。**

通常、「ジャガイモは、収穫後には、箱に入れ、暗くて温度の低いところに保存しなさい」といわれています。温度の低いところに置くのは、芽が出にくくするためです。暗いところに置くのは、太陽の光が当たると、ジャガイモの表面が緑色に変わるからです。

実際は、太陽の直射の強い光でなくても、**家庭用の電灯の弱い光でも、ジャガイモの表面は緑色に変わります。**ジャガイモは、たとえ弱くても、光が当たると、緑色になりやすい性質をもっているのです。

光が当たると、緑色に変わり有毒な物質をつくるというのも、ジャガイモにとっては、大切な性質です。暗い土の中から光の当たる外へ出るということは、動物たちに食べられるという危険な可能性が増大します。ですので、**食べられるのを防ぐために、緑色の部分には有毒な物質が含まれてくるのです。**

ジャガイモが有毒な物質をもつのは、自分のからだを守るためです。ジャガイモにとっては、芽を出した芽生えが動物に食べられないようにするのが目的です。

話は戻りますが、結局、学校菜園で栽培されたジャガイモが有毒な物質をつくるのは、芽かきと土寄せという作業が十分に行われていないためです。

家庭菜園で栽培されて収穫されたジャガイモが食中毒騒ぎをおこすことがないわけではありません。でも、家庭菜園で収穫されたジャガイモが食中毒騒ぎをおこすことが少ないのは、栽培の世話がよく行き届いており、芽かき、土寄せという作業が十分に行われているからと考えられます。

## ソラニンやチャコニンとは、どのような毒なのか？

「ジャガイモがつくり出す有毒な物質は、ソラニンやチャコニンである」ということを知ると、「これらの物質は、どのように有毒なのか」という疑問が浮かびます。ソラニンやチャコニンは、私たちのからだの中で、「アセチルコリン」という物質の分解を妨げることで、有毒性を発揮します。

アセチルコリンは、神経の興奮を伝達する物質の一つです。私たちの日常の活動では、からだの中で、この物質がつくられたり、分解されたりして、適切な量に保たれています。

ところが、ソラニンやチャコニンは、この物質が分解されるのを妨げるのです。

分解が妨げられると、アセチルコリンがからだにたまりはじめます。たまる量が増えて、異常な状態になると、食中毒の症状が現れてくるのです。軽い場合には、腹痛、吐き気、頭痛、発熱などで、重い場合には、脈が速くなり、血圧が低下し、さらにひどくなると、心不全によって死に至ることもあります。

「ジャガイモの表面が緑色になってしまったが、緑色になった部分を取り除けば、そのジャガイモは食べられるのか」との疑問を抱かれることがあります。

皮をぶ厚くむいて、緑色の部分をなくせば、有毒物質の多くは取り除かれているはずです。でも、緑色になっていた程度により、有毒物質の量は違います。ですから、「食べても、安全です」と言い切れるものではないでしょう。ですから、「食べられるのか」と悩むような状態になる前に、有毒な物質をもつジャガイモにしないように努力すべきです。

「加熱して調理すれば、有毒物質は分解されるのか」との疑問ももたれます。**でも、ジャガイモの毒は、ふつうに調理されるような熱では消えません**。ジャガイモに含まれる有毒物質は熱を加えても分解されないので、「煮ても焼いても、その毒性は消えない」といわれます。

農林水産省は、ジャガイモの有毒性に注意を喚起するホームページをつくっています。そこには、参考となる研究論文をあげて、加熱して調理したときの、ソラニンやチャコニンの量にもたらす影響が掲載されています。

それによると、たとえば、沸騰したお湯でジャガイモを15分間茹でても、ソラニンやチャコニンの濃度はほとんど下がりません。さらに１５０分間茹でても、分解は見られないということです。

農林水産省がホームページに掲載するのに参考にした研究論文には、もっと温度を上げた実験が行われています。それによると、ジャガイモを１５０度の油で5分間揚げた場合でも、ソラニンやチャコニンはほとんど分解されていません。もう少し温度を上げて１７０度で5分間揚げた場合、有毒物質は少し分解されています。

さらに温度を上げて２１０度で10分間揚げた場合、有毒物質の量は約半分になっています。ところが、「その条件では、ジャガイモが茶色く焦げてしまっており、食べられる状態ではなかった」という内容が、その論文には記載されています。

結局、ジャガイモの有毒物質は、お湯で茹でたり、油で揚げたりして調理したとしても、その毒性は消えるものではないのです。表面が緑色になったジャガイモは食べないことが大切で、芽が出たものなら、その部分は深くきれいに取り去ることで、有毒物質を取り除かなければならないということです。

## 毒をつくらないジャガイモは発芽しなかった

ジャガイモは、世界中で、多くの人々に食べられ、空腹を満たすだけではなく、栄養となっている大切な食材です。一方では、有毒な物質を含むことがあり、食中毒騒ぎをおこす食材なのです。

それなら、「有毒な物質をつくらないジャガイモはできないのか」との素朴な思いが浮かびます。この思いに応えるように、２０１６年７月、有毒な物質をつくらないジャガイモができる可能性が見出され、話題になりました。

どのようにして、ジャガイモがソラニンやチャコニンなどの有毒な物質をつくるかが、明らかになったのです。ソラニンやチャコニンなどの物質がつくられるためには、それらの物質をつくるための遺伝子が働くことはよく知られています。そこで、それらの遺伝子が、探し求められ、見つけられたのです。

２０１９年、遺伝子を操作する最新の技術を用いて、有毒な物質をつくらないジャガイモがつくられました。実際にできたジャガイモは、見た目にはふつうですが、期待された通り、有毒な物質を含まないことが確認されました。

しかも、このジャガイモは思わぬ利点をもたらす可能性が示されました。有毒な物質をつくる遺伝子の働きを抑えたジャガイモは、不思議なことに、長く貯蔵しておいても「芽が出る」という現象がおこらなかったのです。**ジャガイモが芽を出すと、有毒物質ができると考えられていたのですが、順序が逆で、有毒な物質は、ジャガイモが芽を出すために必要なのかもしれないのです。**

通常、ジャガイモは、収穫されて一定の期間が過ぎると、芽を出します。しかし、有毒な物質をつくることができないジャガイモは、驚いたことに、長く貯蔵しておいても芽を出さないのです。ジャガイモにとっては、芽を出したくても、有毒な物質がないために芽が出せないということになります。

有毒な物質は、動物に食べられないように、からだを守るための物質です。それがつくられないと、地上へ出るとすぐに食べられてしまうのが怖くて、ジャガイモは芽を出さないのかもしれません。芽を出すときには、動物に食べられるリスクが高くなります。

「芽を出したジャガイモには、有毒な物質が含まれている」という今までの知識からは、ジャガイモが、芽を出しながら、からだを守るために、有毒な物質をつくるというたくましい〝いでたち〟の姿が想像されがちです。

しかし、実際は、有毒な物質がつくられなければ、芽を出さないのです。これだと少しイメージが違います。芽を出しながら、からだを守るための有毒な物質をつくって、戦いながら強くなるのではなく、はじめから、有毒な物質でからだを固めたあとでなければ、芽を出さないという、少し〝臆病な〟姿に見えてきます。臆病という表現は、適切でないかもしれません。それだけ、慎重で、用心深い植物なのです。

「有毒な物質をつくらないジャガイモは、長く貯蔵しておいても、芽を出さない」というのなら、このジャガイモは、安心であるというだけではありません。ジャガイモの貯蔵方法の苦労もなくしてくれます。

現在、食用として保存するジャガイモに芽を出させないために、三つの方法が使われています。一つ目は、温度の低い、暗闇の中に保存することです。低温は、発芽の時期を遅らせます。暗闇の中で保存するのは、光が当たると、表面が緑色を帯び、ソラニンなどの有毒物質がつくられるからです。

二つ目の方法は、密封できる袋などの中に、成熟したリンゴやバナナなどといっしょに入れておくことです。成熟したリンゴやバナナなどからは、エチレンという気体が放出されます。放出されたエチレンには、ジャガイモの芽が出るのを抑える働きがあることが知られています。

三つ目の方法は、出荷するときにガンマ線という放射線を照射することです。これによって、ジャガイモの発芽が抑えられることが知られています。ただ、私たちが食用とする、小売店などで売られるジャガイモには、この方法が使われたものはありません。そのため、このような処理をしたジャガイモは、ふつうには、見かけることはないのですが、一つの方法として知られています。

有毒な物質をつくらないジャガイモでは、このような手間をかける必要がないということです。

## (2)ニラとそっくりなスイセンに要注意

### 美しい花には、毒があるか?

「美しいバラには、トゲがある」といわれますが、「美しい花には、毒がある」ともいわれます。この例として、ヒガンバナやシャクナゲなどがあげられます。これらの植物には、有毒な物質が含まれていることがよく知られているので、「誤って食べてしまう」という食中毒騒ぎはあまりおこりません。

　しかし、身近に栽培され、美しい花を咲かせる植物たちの中に、ほぼ毎年、食中毒騒ぎをおこすものがあります。それらの代表的な3種類の植物は、「身近な三大有毒植物」といえます。ジャガイモ、スイセン、イヌサフランです。

「ジャガイモが、美しい花を咲かせる植物なのか」との疑問がおこるかもしれません。でも、ジャガイモの花は、美しいです。現在、この植物は、ほぼ世界中で栽培され、多くの人々の食べものとなっていますが、昔は、観賞用の花でした。18世紀のフランス国王ルイ16世の王妃であった、マリー・アントワネットが好んで、髪飾りなどに用いた花として知られています。

　ジャガイモについては、前項で紹介しました。ここからは、「身近な三大有毒植物」の一つである、スイセンを取り上げます。

　スイセンは、古くに、中国から日本に伝えられ、栽培されてきました。春早くに花を咲かせるので、「雪の中でも、花が咲く」という意味で「雪中花」という別名をもち、春の訪れをいち早く告げる花とされます。

また、この植物は、ウメ、ロウバイ、サザンカとともに、「雪中の四友」に数えられます。それだけでなく、ウメとジンチョウゲとともに、品位が高いとされる「三君」に名を連ねます。

スイセンの英語名は、「ナルシサス」です。これは、水面に映る自分の姿に恋して死んだ、ギリシャ神話の美少年の名前であるナルキッソスに由来し、「彼が姿を変えた花がスイセンである」というギリシャ神話に基づきます。ですから、「スイセンの花は、水面に映る自分の姿をのぞき込むようにうつむき加減に咲く」といわれます。

スイセンには、多くの品種があります。その中で、日本のあちこちで自生したり栽培されたりしているのは、学名が、「ナルキッサス　タゼッタ」という品種です。学名というのは、その植物が属する属名と、その植物の特徴を表す種小名の二つの語から成り立ちます。属名というのは、生物の分類学上の一つの階層である「科」の下の、グループ名を示すものです。

「ナルキッサス」は、スイセン属を示し、「タゼッタ」は、小さなコーヒーカップを意味するといわれます。これは、白い花弁の上にある、「副花冠」とよばれる黄色いカップ状の冠に由来します。ニホンズイセンという植物名で、日本生まれのような名前ですが、原産地は地中海沿岸地方です。

日本の最古の歌集として、奈良時代に編纂《へんさん》された万葉集があります。これには、約４５００首の歌が収録され、その中に約１６０種の植物が登場します。たとえば、ハギが約１４０首、ウメが１１８首、タチバナが68首などと詠まれています。

ところが、古くから日本で栽培されているスイセンは、約１６０種の植物に入っていないのです。「なぜ、スイセンは、万葉集に詠まれていないのか」と不思議がられます。この理由は、万葉集は奈良時代に編纂されたものですが、スイセンが日本に伝えられたのは、そのあとの平安時代末から室町時代にかけてだからなのです。

この植物は、花の美しさゆえに春早くに話題になりますが、毎年、4月〜5月に、もう一度、話題になることがあります。それは、この植物の葉っぱが、食用に栽培されている、ある植物の葉っぱと似ているため、誤って採取され、誤食されて食中毒症状になったというものです。

２０１９年の春には、三重県、山形県、福井県などで、スイセンの葉っぱがある植物と誤食されて、吐き気や嘔吐《おうと》などを伴う食中毒事件がおこりました。これらの多くは、自宅で栽培されている、ある食材植物にスイセンの葉っぱが混じってしまったものです。

この年には、秋田県でもおこっています。その場合は、間違って採取されたのではありません。スーパーマーケットで、ある食材植物と間違って、スイセンの葉っぱが販売されてしまったものでした。

スイセンは、ヒガンバナと同じヒガンバナ科の植物です。ヒガンバナがリコリンという有毒な物質をもって、自分のからだを食べられることから守っていることはよく知られています。スイセンも同じ有毒な物質をもっていて、動物に食べられることから、自分自身のからだを守っているのです。

ヒガンバナが有毒な物質をもっていることは、よく知られているので、食中毒事件はほとんどおこりません。しかし、スイセンは、有毒な物質をもっていることがあまり知られていないために、誤食されてよく騒ぎになるのです。

スイセンは、一体、何という食材植物と間違われるのでしょうか。

## スイセンがつくる有毒物質とは?

ニラという野菜があります。これは、中国の西部を原産地とする植物ですが、日本でも、古代から栽培されています。疲労回復や滋養強壮の効果があり、血行を促進し、胃腸の調子を整えるので、ニラは「食べる薬」といわれます。そのくらい、健康に良い野菜です。

ニラには、ビタミン$B_1$の吸収を促進する働きがあります。ビタミン$B_1$は疲労回復や滋養強壮に効果があります。ビタミン$B_1$は、豚や牛、鶏のレバーに豊富に含まれていますが、吸収されにくいのです。

そこで、ニラとレバーとの組み合わせが好まれ、ニラレバ炒めなどの料理になって食べられます。すると、ビタミン$B_1$がよく吸収されるので、疲労回復や滋養強壮に役立つのです。

また、ニラは、葉っぱを採取するときに、地上から3～4センチメートルを残しておくと、何日かが経過して、また葉っぱが伸びてきます。ですから、1年に3～6回ほど、収穫することができます。

健康に良く、収穫もよくできるため、ニラは、畑や家庭菜園でよく栽培されます。そのような場所で、ニラとスイセンが混植されていると、ニラの葉っぱを採取するときに、形のよく似たスイセンの葉っぱが間違って混じってしまうことがあるのです。

ニラは、抜き取らずに地上部の葉っぱを切り取って採取し食べる野菜です。ニラの葉っぱには香りがあるので、本来、スイセンの葉っぱと間違うことはありません。しかし、そ

よく似ているスイセンの葉とニラ
写真提供：消費者庁

の香りは、葉っぱが採取されるときにわざわざ確認されることはありません。

そのため、ニラの中にスイセンの葉っぱが混じってしまうのです。ニラとスイセンは、畑や家庭菜園で栽培される場合には、混植されないように注意しなければなりません。

厚生労働省の有毒植物に関する食中毒のホームページによると、**平成21年〜平成30年の間にスイセンをニラなどと間違えて食べた人が１８０人**いました。その中には、死亡事故も含まれています。たとえば、２０１６年5月、北海道で60歳代の男性が自宅の敷地内に生えていたニラと似ている植物を採取し、調理して食べました。その数時間後、下痢、嘔吐がおこったため、病院に救急搬送されましたが、その2日後に亡くなりました。男性が食べたとされる植物には、スイセンに含まれる有毒物質が検出されたため、室蘭保健所は、この男性がスイセンをニラと間違って食べてしまった食中毒だと発表しました。

「なぜ、スイセンが有毒なのか」という疑問があります。スイセンは見た目には可憐な花ですが、葉っぱや球根に毒があります。

スイセンは、ヒガンバナ科の植物であり、ヒガンバナと同じ有毒物質であるリコリンをもっています。スイセンの球根部分に、リコリンが多く含まれることはよく知られていますが、葉っぱにも含まれています。

リコリンは、主に、消化器系に働き、症状としては吐き気、嘔吐、胃のむかつき、下痢などが見られます。実際に、ニラと間違えてスイセンを食べた人の症状では、食べた約30分後に、気持ちが悪くなり、吐き出しました。また、汗とよだれが出ています。からだがリコリンに反応して、嘔吐や下痢などといった症状でリコリンの毒を排出しようとするためです。

どうしてリコリンを食べると吐き気を催すのかは、胃の「細胞」を刺激することが一つの可能性として考えられています。細胞というのは、植物や動物のからだをつくる基本単位です。植物たちのからだも、私たち人間を含むすべての動物のからだも、細胞からできています。でも、リコリンがこれらの細胞にどのような刺激を与えるのかは、よくわかっていません。

## （3）ヒガンバナ科の3種の植物にも、要注意！

### スノーフレーク、スノードロップ、タマスダレ

スイセンと同じように、3種のヒガンバナ科の植物が有毒な物質を身につけていることもよく知られています。スノーフレーク、スノードロップ、タマスダレです。

スノーフレークは、ヒガンバナ科、スノーフレーク属で、ヨーロッパを原産地とする植物です。スイセンに似た球根をつくる植物で、早春に、スズランのような花を下向きに咲かせます。そのため、スズランスイセン（鈴蘭水仙）という別名があります。

スノードロップも、ヒガンバナ科ですが、ガランサス属で、地中海西部地域を原産地とする植物です。マツユキソウ（待雪草）などの別名があり、早春に開花する秋植えの球根植物です。

タマスダレ（玉簾）は、ヒガンバナ科、ゼフィランサス属で、南米のペルーが原産地とされる植物です。花が咲く時期は、夏から秋といわれますが、ヒガンバナの花が咲くころ

に、多くの花が咲きます。

　これら3種の植物は、属や原産地は異なりますが、葉っぱの形が細い線形であることは、ヒガンバナやスイセンとよく似ています。また、ヒガンバナやスイセンと同じ有毒な物質であるリコリンをもつことは共通しています。そのため、スイセンと同じように、ニラと間違われて採取され、中毒事件をおこします。

## （4）人が亡くなることもある イヌサフランの毒

### イヌサフランって、どんな植物？

「身近な三大有毒植物」の一つとして、スイセンの誤食がたびたび話題になることを紹介しました。このスイセンに負けず劣らず、誤食で話題になる植物があります。それが、「身近な三大有毒植物」の一つであるイヌサフランです。

　この植物は、イヌサフラン科の植物で、原産地はヨーロッパや北アメリカといわれます。学名は「コルヒクム オータムナーレ」です。「コルヒクム」という語は、この植物の原産

千葉県八千代市　京成バラ園のイヌサフラン　写真提供：植物写真鑑

地にある古い都市の名前「コルキス」に由来し、「オータムナーレ」は「秋に花が咲く」を意味します。

この植物の球根は、直径が3〜5センチメートルの球形で、茶色の外皮に包まれています。秋に、薄い紫色の優雅な花が咲きます。その花は、6枚の花びらからなり、その直径は6〜9センチメートルと大きく美しいものです。

その姿は、アヤメ科クロッカス属のサフランの花とそっくりです。ですから、園芸用として、この植物は「コルチカム」という名前で市販されています。この商品名は、属名の「コルヒクム」に由来します。

この植物が他の植物と間違えて食べられ、よくマスコミに取り上げられます。多くの場合、葉っぱがギョウジャニンニクに間違えられます。

ギョウジャニンニクは東北地方の春の山菜で、おいしいと人気が高いものです。春に地面に葉っぱが出てきて、その葉っぱが食用になります。イヌサフランも、春に地面に葉っぱを出し、その葉っぱの形や大きさが、ギョウジャニンニクの葉っぱとよく似ています。そのため、間違って採取され、食べられてしまうのです。この誤食による食中毒事件はたびたびおこり、亡くなる人も出ています。

たとえば、２０１９年４月、群馬県で、知人宅に自生していたイヌサフランをギョウジャニンニクと誤って採取し、夫婦で炒め物にして食べ、食中毒事故が発生しました。このときには、夫が意識不明の重体のあと、死亡しています。

この他にも、２０１８年４月には、北海道で、ギョウジャニンニクと間違ってイヌサフランを食べて、男性が死亡しており、２０１８年７月には、北海道で、80代の女性が死亡しています。２００７年には、新潟県でも、ギョウジャニンニクと間違って、この葉っぱを食べた人が亡くなっています。

この植物は、じつはギョウジャニンニク以外のものとも間違って食べられ、食中毒事故をおこしています。２０１３年夏、札幌市で60歳代の女性が、家の庭に生えていたイヌサフランを、ミョウガと間違って食べてしまいました。女性は、腹痛や嘔吐などの食中毒の症状を訴え、病院に搬送されました。

同じく２０１３年、「石川県で、この植物をジャガイモと間違って食べて食中毒事故がおこった」と報じられています。この植物の球根を切ると、内部が白く、ジャガイモとよく似ていたので、間違えられたといわれます。

食中毒の原因になるのは、この植物に含まれる「コルヒチン」という有毒な物質です。この名前は、この植物の属名である「コルヒクム」にちなんでいます。

毎年、春には、ニラと間違えたスイセンと、ギョウジャニンニクと間違えたイヌサフランの誤食が話題になります。

しかし、この二つのうち、イヌサフランの方が毒性はずっと強いのです。スイセンの食中毒の場合、吐き気や嘔吐などの症状でとどまることが多いのですが、イヌサフランでは、すでに紹介したように、死に至ることがあります。

「なぜ、コルヒチンは有毒なのか」という疑問があります。コルヒチンは、摂取した数時間後から、細胞の働きを弱めます。特に、活発に動いている細胞に影響が出やすいのです。たとえば、腸の表面の細胞や、骨の中の血液成分をつくっている細胞などです。

ギョウジャニンニクと誤ってイヌサフランを摂食したときには、コルヒチンの影響が、最初に下痢や嘔吐としてはじまります。これは、コルヒチンが腸の細胞に影響を与え、消化・吸収ができなくなったためです。

数日すると、血液の白血球や血小板が少なくなりはじめます。これは、コルヒチンの影響で骨の中にある血液をつくる細胞が働けなくなったためです。

「なぜ、このような強い有毒な物質をもつ植物が、誤食するような身近にあるのか」との疑問があります。これについてはすでにご紹介したように、イヌサフランは、花がきれいな園芸植物なのです。そのため、園芸店などで、球根が売られており、花壇などで栽培されているのです。

## (5)チョウセンアサガオで急性脳症

### 華岡青洲が使った麻酔の主な原料とは?

チョウセンアサガオの花の形は、ロウト型で、アサガオの花と似ています。そのため、

「アサガオ」という名前がついていますが、アサガオはヒルガオ科の植物です。一方、この植物はナス科の植物であり、二つの間に、植物学的に、類縁関係はありません。

この植物の英語名は、花の形にちなんで、「天使のトランペット（エンゼルズ　トランペット）」ですが、学名は、「ダチュラ　メテル」です。「ダチュラ」は、この植物が園芸植物として市販されるときの名前にも使われています。この語は、この植物の原産地であるインドでの呼び名に由来します。

この植物も、よく誤食されます。たとえば、２００７年、福岡県で、この植物のツボミがオクラの果実と間違えられて食べられ、中毒騒ぎがおこりました。２００８年には、兵庫県や福島県で、この植物の根がゴボウと間違えられて食べられて、中毒騒ぎがおこりました。

農林水産省は、２０１９年3月に、「知らない野草、山菜は採らない、食べない！」のタイトルで、ホームページを更新しています。その中で、チョウセンアサガオがヨウサイという植物と誤食されて食中毒がおこったことが掲載されています。ヨウサイは、ヒルガオ科のツル性の植物で、熱帯アジアが原産地です。葉っぱや茎が食用に使われるため、作物として栽培されます。

２０１２年３月には、チョウセンアサガオの根をゴボウと誤って食べた71歳の女性と68歳の夫が、緊急入院しました。この食中毒では、急性脳症の症状を示したと報告されています。幸いにも、病院で症状が回復し、２人とも退院したとのことです。チョウセンアサガオには、急性脳症を引きおこす有毒な物質が含まれているのです。

**江戸時代後期の外科医、華岡青洲が、世界で最初の全身麻酔で、乳がんの手術に成功しました。この手術の際に用いられた麻酔薬の原料となった主な植物が、チョウセンアサガオでした。**この植物には、「アトロピン」や「スコポラミン」などの有毒な物質が含まれているのです。それらが、薬として利用されたのです。

## (6)カンピョウの原材料、ユウガオで食中毒？

### 「瓢箪から駒」でなく、「ヒョウタンからユウガオ」？

２０１９年９月、長野県茅野《ちの》市と松本市で、40～80代の男女４人が、ユウガオを食べて、食中毒になりました。近くのスーパーマーケットの地場産野菜の販売コーナーで市販されていたのです。このユウガオの果実を購入し調理して食べた5人のうち4人が、嘔吐や下痢などの食中毒の症状を訴えたということです。

諏訪保健所は、この食中毒の原因を苦味の強いユウガオと断定しました。その根拠は、食べたときに強い苦味を感じたことや、嘔吐や下痢、口のしびれなどの症状が、ユウガオなどのウリ科の植物に含まれる苦味成分であるククルビタシンで引きおこされる症状と一致していることでした。

また、2019年7月にも、長野県大町市で、20〜70代の男女3人が、ユウガオを食べて、食中毒騒ぎになりました。これらの食中毒では、ユウガオを食べた数時間後から、腹痛や吐き気、下痢や嘔吐などの症状が現れたのです。いずれも深刻な状態に至らず、事なきを得ましたが、ほぼ毎年、この植物は食中毒騒ぎをおこします。

ユウガオは、アフリカや熱帯アジアの原産ですが、日本で古くから栽培され、巻き寿司などに使うカンピョウの原材料になるものです。ヒョウタンなどと同じウリ科の植物で、大きな果実が実ります。この果実は、古くから、煮物や漬物などに調理されて食べられてきました。

ユウガオの食中毒の原因は、「ククルビタシン」とよばれる物質です。この物質は、ヒ

ヒョウタン　写真提供：矢原正治氏（山口東京理科大学 薬学部）

ユウガオ　写真提供：磯田進氏（東京生薬協会）

ョウタンの果実に多く含まれています。そのため、ヒョウタンは食用の植物ではなく、その果肉は食べてはいけません。

ユウガオは、ヒョウタンの中から苦味の少ない品種、すなわち、ククルビタシンの少ない品種が選び出され、食用とされたものです。ヒョウタンからユウガオが生まれているのです。

ですから、ユウガオでは、本来、食中毒はおこらないはずなのですが、ククルビタシンを多く含むユウガオがあり、食中毒がおこってしまったのです。この物質には、ものすごい苦味があります。ですから、ユウガオの果実を食べるときに、あまりにも強い苦みを感じるようなら、食べるのをやめた方がいいといわれます。

## 接ぎ木苗の台木には、注意！

もう一つ注意しなければならないのは、ユウガオがスイカの接《つ》ぎ木苗の台木になっている場合です。この台木から芽が出て、花が咲き、それに実がなった場合、それは食べてはいけません。

それについては、厚生労働省のホームページ「自然毒のリスクプロファイル」に、「スイカの接ぎ木苗の台木としてユウガオを利用した場合、台木から実ったユウガオの果実には、ククルビタシンが多く含まれ、中毒をおこす場合があるため、摂食しないようにする」という内容の注意事項が書かれています。

台木は、根を生やして育っている植物の茎で、その上に、他の植物が接ぎ木されているものです。本来、台木には芽はないはずなので、「なぜ、スイカの接ぎ木苗の台木のユウガオから芽が出ることがあるのか」との疑問があります。

それは、植物のからだを構成している細胞のもつ、ある性質に基づくものです。それぞれの細胞は、葉や茎や根などを構成し、その場にふさわしい形や働きをしています。それゆえ、葉や茎や根を構成する細胞は、形や働きがそれぞれ異なります。ですから、突然に、芽のない台木の茎から芽が出たりはしないのです。

ところが、それぞれの細胞は、どのような形や働きをしていても、一つの個体をつくる能力を潜在的にもっています。その能力は、「分化全能性」といわれます。台木の茎から、芽が出てくるのは、この性質によるものです。

たとえば、ゴーヤの接ぎ木苗なら、台木にカボチャが使われていることがあります。この場合には、台木から、カボチャの芽が出てくることがあります。ナスの接ぎ木苗なら、台木に赤ナスが使われている場合があります。この場合には、赤ナスの芽が出てきて花を咲かせ、実を実らせることもあります。

では、ユウガオやヒョウタンなどの果実に含まれるククルビタシンは、どのように食中毒を引きおこすのでしょう。

ククルビタシンには、細胞の本来の働きを行えないようにするという性質があります。そのため、消化器系の小腸の細胞が障害を受け、吐き気、嘔吐、下痢がおこるのです。

## （7）毒薬界のスーパースター

### 毒薬といえばトリカブト

トリカブトは、「有毒な物質をもつ植物」の代表のようによく知られています。そのため、多くの人に「気持ち悪い植物」という印象をもたれており、「この植物が、どんな花を咲かせるのか」には、興味があまりもたれていません。

ところが、トリカブトは、大変きれいな青色の花を咲かせるのです。この植物が群生している場所では、青々とした花が一面に咲いていて、とてもきれいなものです。この花の姿は、想像上の鳥である「鳳凰《ほうおう》」の頭をかたどった冠である「鳥兜《とりかぶと》」に似ていることが和名の由来です。英語名では、鳥兜ではなく、修道僧の頭巾にたとえられて「モンクス（修道僧）フード（頭巾）」といわれます。

トリカブトが有毒な物質をもっていることは、ミステリードラマの殺人場面などにしばしば登場することから、よく知られています。トリカブトは、キンポウゲ科の植物で、いろいろな種類があります。

　観賞用の「ハナトリカブト」は、学名が「アコニタム　チャイニーズ」であり、種小名が「チャイニーズ」である通り、中国原産のものです。一方、ヤマトトリカブトの学名は、「アコニタム　ジャパニーズ」で、日本原産のものです。

　属名の「アコニタム」は、この植物が、古代ギリシャでは、「アコニトン」とよばれていたことにちなんでいます。「アコニトン」は、ギリシャ語の「楯《たて》」を意味する「アコス」に由来するといわれたり、「アコネ」という地名にちなむといわれたりしますが、正確な語源は不明です。

トリカブト　写真提供：四季の山野草

　トリカブトの有毒物質の名前は、「アコニチン」です。この名前は、属名の「アコニタム」にちなんでいます。アコニチンは葉っぱにはもちろんですが、花の蜜や花粉にも含まれています。

　トリカブトの有毒物質であるアコニチンの毒性は強く、量にもよりますが、アコニチンを飲むと数分で呼吸が止まったり心臓がおかしくなり死んでしまいます。「どのようにして、アコニチンは、呼吸や心臓をおかしくするのか」との疑問が浮かびます。

本章の（2）の「スイセンがつくる有毒物質とは？」で紹介したように、植物たちのからだも、私たち人間を含むすべての動物のからだも、細胞からできています。呼吸を司る肺も心臓も、細胞でできています。

これらの細胞が正常に働くために、多くの物質が働いていますが、その一つが「ナトリウム」という物質です。この物質の濃度が細胞の外側と内側で異なることで、肺や心臓の細胞は正常に働いているのです。正常な場合には、細胞の内側で濃度が低く、外側で濃度が高くなっています。

ところが、アコニチンは、このバランスを一気に崩してしまいます。細胞の外側に高い濃度で存在していたナトリウムを、内側に流し込むのです。すると、バランスが崩れて、細胞は、本来の機能を担うことができなくなります。

心臓を動かしていた細胞は、心臓の拍動をおこすことができなくなります。すると、心不全がおこります。呼吸を司っていた肺や神経細胞が機能しなくなると、呼吸が停止してしまうのです。つまり、トリカブトの毒であるアコニチンは、細胞の中に多くのナトリウムを流し込むことにより、細胞が働けないようにするのです。

一方、自然の中には、この逆の作用をおこす有毒物質があります。フグの毒として知られる「テトロドトキシン」です。この物質は、ナトリウムが細胞の内側に入れなくすることで細胞の機能を麻痺《まひ》させます。

## トリカブトの毒は、フグの毒に勝つか？

トリカブトの有毒物質であるアコニチンは、細胞の外側に高い濃度で存在していたナトリウムを、内側に流し込みます。それに対し、フグの有毒物質であるテトロドトキシンは、細胞の外側にあるナトリウムが内側に入るのを妨げます。

二つの有毒物質の働きは、逆です。でも、いずれの場合も、ナトリウムの正常なバランスを崩してしまいます。そのため、肺や心臓の細胞が正常に働けなくなり、人間は中毒症状に陥るのです。

このことをよく理解すると、「トリカブトの毒とフグの毒をいっしょに飲むと、どうなるのか」という疑問が浮かびます。実際には、二つの毒の働きがぶつかり合って、一旦は毒が働いていないような状態になります。

しかし、その状態はいつまでも続きません。時間の経過とともに、毒は他の物質に変化し、毒性が消えていきます。そのため、**どちらか一方の毒の量が少なくなったときに、もう一方の毒の働きだけが現れ、その毒による中毒症状が現れます。**

「二つの毒の働きがちょうど同じようになくなる量を、同時に飲めば、どちらの毒の影響も出ないのではないか」と考える人もあるでしょう。しかし、きちんとその量を知り、いっしょに飲むことは不可能でしょう。

この二つは強い毒なので、飲めばすぐに、その症状が出てしまいますが、いっしょに飲めば、中毒症状が現れるのを遅らせることはできそうです。実際に、この二つの毒素を使ったと考えられる殺人事件がおこっています。

１９８６年に発生した「トリカブト保険金殺人事件」とよばれるものです。夫が妻に保険金をかけて、トリカブトの毒で妻を殺したという事件です。ふつうは、トリカブトの毒を飲むと数分で、呼吸や心臓がおかしくなり死んでしまいます。

しかし、この事件では、亡くなった妻はトリカブトを摂取したと考えられる時間から、少なくとも1時間40分の間は何事もなく行動していました。その間に、夫は遠くへ移動しており、妻が亡くなった時刻には、夫はかなり離れた場所にいました。そのため、夫が妻に、トリカブトの毒を飲ませたとは考えられませんでした。

飲ませたトリカブトの毒の効果を遅らせるために、毒をカプセルに入れて飲ませた可能性が考えられます。そうすれば、カプセルが溶けるまで、トリカブトの毒の効果の発現を遅らせることができるからです。

しかし、カプセルに入れて、トリカブトの毒性の発現を遅らせるのは、せいぜい30分程度であり、毒を飲ませてから、1時間40分もあとに亡くなることは考えられないのです。そのため、妻と離れてから、1時間40分後に、別の場所にいた夫が妻にトリカブトの毒を飲ませたとは、到底考えられませんでした。

ところが、妻の遺体を解剖したときに保存されていた血液から、トリカブトの毒アコニチンと、フグの毒テトロドトキシンが見つかったのです。つまり、トリカブトの毒であるアコニチンと、それとはまったく逆の働きをするフグの毒であるテトロドトキシンを同時に飲ませたことにより、1時間40分の間は、毒の効果がお互いに打ち消し合って症状が現れなかったのです。

時間が経過するにつれて、テトロドトキシンが徐々に他の物質に変化して少なくなったことにより、トリカブトの毒が効きはじめ、妻は亡くなったのです。結局、この事件では、夫には殺人での有罪判決がおりましたが、夫は冤罪《えんざい》を主張したまま、獄中で病死しました。そのため、真相は闇の中ですが、二つの有毒物質を使ったと考えられています。

## （8）ベラドンナは、「美しい貴婦人」を生む？

### ベラドンナって、どんな植物？

日本では「世界三大美人」として、エジプトのプトレマイオス朝の最後のファラオ（古代エジプトの王の称号）として活躍したクレオパトラ、中国の唐の時代、玄宗皇帝の妃だった楊貴妃、平安時代の歌人であった小野小町が知られています。しかし、日本以外では、小野小町に代わり、古代スパルタの王妃でギリシャ神話の女神ともいわれている「ヘレネ」が選ばれています。

三大美人の中でも、クレオパトラの美しさは特別であったと語られます。真偽は不明ですが、クレオパトラは、ナス科の植物であるベラドンナの果実のエキスを用いて瞳を大きくしていたといわれます。昔から、クレオパトラだけでなく、多くの女性がみずからを美

ベラドンナ　写真提供：植物写真鑑

しく見せるためにベラドンナを使っていたようです。

特に、ルネサンスの時代のイタリアの女性は、この植物の汁を点眼していたことで知られます。ベラドンナという名前は、イタリア語で「ベラ（美しい）」と「ドンナ（女性や貴婦人）」を意味します。そのため、この植物は、「美しい女性」や「美しい貴婦人」といわれるのです。

ベラドンナという植物は、そんなに身近にあるものではありません。どこかの薬草植物園に行けば、見ることができるくらいのめずらしい植物です。ですから、花を知っている人は少ないのです。

多くの人は、「美しい女性」や「美しい貴婦人」という名前から、美しいはなやかな花を咲かせる植物を想像してしまいます。ところが、ベラドンナの花は、そんなに大きくもないし、はなやかさも美しさもあまり感じないものです。この植物はナス科なので、花はナスの花とよく似ています。

この植物の原産地は、西アジアからヨーロッパにかけての地域です。学名は、「アトロパ　ベラドンナ」です。属名の「アトロパ」は、ギリシャ神話に登場する運命の女神アトロポスにちなみます。

## なぜ、ベラドンナは有毒なのか？

ベラドンナは、「アトロピン」という有毒な物質をもっています。この物質名は、この植物の属名である「アトロパ」にちなんでいます。アトロピンは、ミステリードラマなどに登場し、殺人に用いられる有毒物質です。

「目をパッチリさせたい」と思っても、瞳孔ともよばれる瞳は自分の意思で広げることはできません。アトロピンは、瞳孔を広げ、瞳を大きく輝かせる効果をもちます。瞳孔を収縮させ、瞳を小さくする作用をもつ神経伝達物質が、アセチルコリンという物質です。

アトロピンはこの物質の働きを抑えます。そのため、アトロピンを点眼すると、瞳孔は大きく開いたままになります。つまり、瞳孔が大きくなり、瞳がキラキラと魅力的に見えるのです。

逆に、瞳孔を収縮させる有毒物質があります。１９９５年3月20日、オウム真理教の信者たちが東京の地下鉄に無差別にまき散らした「サリン」です。このサリンがからだに吸収されると瞳孔が小さくなり、モノが見えにくくなるといった症状が現れます。

サリンによって瞳孔が小さくなるのであれば、アトロピンを使えばもとに戻るのではないかと思われるかもしれません。実はその通りなのです。そのため、サリン事件のときに使われた治療薬の一つは、アトロピンでした。「毒をもって、毒を制す」といわれる現象の一例です。

よくドラマなどで、死亡を確認するときに、目にライトを当てる場面があります。脈拍や呼吸で死亡を確認しようとしても、脈拍や呼吸は弱くなってくると、動いていてもわかりづらくなります。

瞳孔は、神経の反射によって調節されています。そのために、瞳孔が開いていて、まぶしい光を当ててても小さくならない場合には、死亡していると見なされます。

## （9）「日本に自生するベラドンナ」とは？

### 幻覚症状をおこすハシリドコロ

ベラドンナに似ていることから、「日本に自生するベラドンナ」といわれる植物があります。ベラドンナと同じナス科のハシリドコロという植物です。これは、日本原産の植物で、学名は、「スコポリア　ヤポニカ」です。

種小名の「ヤポニカ」は、日本生まれであることを示しています。属名の「スコポリア」は、ハシリドコロ属を示し、18世紀のオーストリアの植物学者であるスコポリの名前にちなんでいます。

和名である「ハシリドコロ（走野老）」は、変わった名前です。この名前は、「走り」と「野老《ところ》」とからなっています。「走り」は、この植物のもつ有毒物質によって中毒症状が出ると、幻覚症状で、泣きわめきながら走りまわったりするといわれることにちなみます。「野老」は、この植物の根が、ヤマノイモ科のトコロ（野老）の肥大した根に似ているからといわれます。

　この肥大した根や葉っぱの中に、ベラドンナと同じ有毒な物質であるアトロピンなどが含まれています。そのため、ベラドンナと同じように、瞳孔を開かせる作用があるので、「日本に自生するベラドンナ」といわれるのです。

　アトロピンとともに、この植物に含まれていることが知られる有毒な物質は、「スコポラミン」です。この名前は、この植物の属名である、スコポリアにちなんでいます。このような物質を含むので、この植物も誤って食べられると、中毒騒ぎがおこります。

　たとえば、２０１１年の春に、岐阜県で、山地の湿った草地に生え、新芽を食べるハンゴンソウ（反魂草）というキク科の山菜と誤って、ハシリドコロが食べられるという事件がおこっています。このときは、食べた人にめまいや意識障害などの中毒症状が出ました。

　ハンゴンソウだけでなく、地面に出てきた芽生えがフキノトウ（蕗の薹）やオオバギボウシ（大葉擬宝珠）などと誤って食されて、食中毒がおこることがあります。フキノトウもオオバギボウシも、おいしく人気の高い山菜なのです。

## (10)アジサイの毒から、薬が生まれる？

### アジサイの葉っぱを食べてはいけない！

江戸時代に、長崎（現在の長崎県）の出島のオランダ商館にいたドイツ人の医師シーボルトにより、アジサイは、日本からヨーロッパに初めて紹介されました。現在、アジサイには、多くの品種がありますが、これらは、日本原産の「ガクアジサイ」が品種改良されたものです。欧米で品種改良された多くの品種が、「セイヨウアジサイ」として日本に逆輸入されてきたのです。

学名は、「ハイドランジア　マクロフィラ」で、「マクロフィラ」は「大きな葉」を意味します。「ハイドランジア」は、アジサイが市販されるときの商品名にも使われていますが、「水を入れる器」を意味します。

この語は、「アジサイが梅雨の雨水をいっぱい吸収している様子を表す」とか「ひとまとまりになった花の形が『水を入れる器』の一種である水甕《みずがめ》に似ていることからつけられた」といわれます。

アジサイ

２００８年６月13日に、茨城県つくば市の飲食店で料理に添えられていたアジサイの葉っぱを食べた８人が、その30分後から、嘔吐や吐き気、めまいが出て苦しみました。また、同じ年の６月26日に、大阪市内で、アジサイの葉っぱを食べた人が食べてから40分後に、嘔吐したり、顔が赤くなったりするなどの症状が出ました。

いずれも共通しているのは、「アジサイの葉っぱを食べた」ということです。アジサイの葉っぱには青酸が含まれているといわれてきたのですが、この食中毒事故をおこしたアジサイからは、青酸が発見されませんでした。

そのため、含まれていた毒の成分については、詳細がわかっていません。しかし、アジサイの葉っぱを食べて、食中毒事故がおこったことは事実です。アジサイには、青酸以外にも、フェブリフジン、イソフェブリフジンという有毒な物質が含まれています。ですから、食べてはいけないのです。

アジサイの葉っぱは、緑の大きな葉っぱなので、季節感を出すために、料理屋さんで料理に添えて出されることがあるのです。私たちは、刺身の下に敷かれたシソの葉っぱである大葉は、食べてもいいと知っています。そのため、アジサイの葉っぱが出されると、食べてしまうことがあるのでしょうが、アジサイの葉っぱは決して食べてはいけないのです。

アジサイの仲間に、「常山《じょうざん》アジサイ」という中国原産のアジサイがあります。このアジサイの根を乾燥させたものは、漢方薬「常山」として使われています。近年、この植物に含まれている成分をマラリアなどの薬として利用する研究が進められています。

## (11)ヨウシュヤマゴボウの実や根を食べてはいけない！

### ヨウシュヤマゴボウとは？

ヨウシュヤマゴボウという植物があります。ヤマゴボウ科の植物で、北アメリカ原産の帰化植物です。赤紫色の太い茎が直立するのが印象的で、背丈は1メートルくらいになります。秋に、濃い赤紫色の球形の果実がブドウのように実り、垂れ下がります。

この植物は、日本の至るところで見られます。別名をアメリカヤマゴボウ、英語では「ポークウィード」ともよばれます。アメリカでは、この果実の色素がインクとして使われていました。そのため、ヨウシュヤマゴボウは、「インクベリー」などともよばれます。

アメリカでは1860年代にはじまった南北戦争のころには、この色素を使って手紙がよく書かれていたようです。ヨウシュヤマゴボウの色素は日常的に用いられていたようで、服やイヤリング、ネックレスなどを着色する際にも用いられていました。

しかし、ヨウシュヤマゴボウの果実、葉、根、タネには、有毒な物質である「フィトラッカトキシン」などの毒が含まれています。ヨウシュヤマゴボウの属名は、「フィトラッカ」で、有毒物質の名前は、この属

ブルーベリーに似ているヨウシュヤマゴボウの実
写真提供：(国研) 農研機構動物衛生研究部門

名にちなみます。

厚生労働省の「自然毒のリスクプロファイル」では、ヨウシュヤマゴボウの根を味噌漬けにして食べて食中毒になった事例をあげて、食べないように、注意を喚起しています。特に、ヨウシュヤマゴボウの果実は、見た目がブルーベリーにも似ていることから、子どもや、有毒であることを知らない人に食べられてしまう心配があります。

実際に、1974年、アメリカで、この心配通りの事故が報告されています。5歳の女の子が、ヨウシュヤマゴボウの果実をつぶしてジュースをつくり、砂糖と水で薄めて飲んだところ、亡くなったというものです。

2017年に発刊された医学書によると、フィトラッカトキシンによる中毒症状は、腹痛、下痢、ひどくなると心拍数が上がる、低血圧からくるめまい、ふらつきとされています。しかし、どのようにして、フィトラッカトキシンがこのような症状を引きおこすのかはわかっていません。

## (12)取り扱いに注意！　身近な4種の植物

## ビワのタネを食べてはいけない！

ビワはバラ科の植物で、英語名は「ロクワット」です。学名を「エリオボトリア　ヤポニカ」といい、「ヤポニカ」は「日本生まれの」という意味です。そのため、この果物は、いかにも日本生まれのようですが、原産地は中国とされています。

「エリオボトリア」の「エリオ」は「やわらかい毛」を意味し、「ボトリア」は、「ブドウのように房状になる」という意味です。ですから、学名は、「やわらかい毛に包まれた果実がブドウのように房状になる、日本生まれの植物」ということになります。

「ビワ」という名前は、実の形、あるいは葉の形が、日本古来の楽器である琵琶に似ているからといわれます。楕円の形の実を「ビワ」という説もあります。日本では、奈良時代にすでに栽培されていたようです。ただ、当時のこの果物は、かなり小粒のものでした。

現在、私たちが食べているような大きさのものになったのは、江戸時代に、中国で栽培されていたタネが長崎の出島にもたらされたのがきっかけでした。これは「茂木」という品種で、現在では、「田中」「長崎早生《わせ》」とともに、この果物の「三大品種」の一つとなっています。

ビワの花が咲いているのを見たことがあるでしょうか。ビワはウメやサクラと同じバラ科の植物なので、その花はウメやサクラと同じように、５枚の花びらと、中心部に多くのオシベをもっています。

本格的な冬の訪れを直前にした11月ごろに、ビワの花が咲いているのを見たら、どう思われるでしょうか。「温暖化のために、寒い冬に向かって、ビワの花が咲いた」と、地球温暖化の進行を憂い、地球の将来を不安に思われる方が少なからずおられるでしょう。

しかし、ビワはもともと11月ごろから花を咲かせる植物なのです。寒い冬が間近に迫っているために虫の数は少ないのですが、ミツバチなどに花粉を運んでもらえば、実がなります。できた実は、春から初夏にかけて大きく成長し、６月ごろには、おいしい果物となり、私たちを喜ばせてくれるのです。

ビワは、あざやかなオレンジ色の果肉が印象的な果物です。この色はカロテノイドという色素によるものです。抗酸化物質のカロテンやクリプトキサンチンなどが主な成分です。これらの色素が多く含まれているので、この果物は、「カロテノイドの王様」とよばれることがあります。

カロテノイドは、老化を防止し、疲労を回復し、視力を保つことなどに有効に働くことが期待されます。ビタミンやミネラルも豊富に含まれており、ビワは、健康に良い果物なのです。

ビワは果実だけでなく、葉っぱにも、健康を保つ効果のある成分が含まれています。そのため、昔から、ドクダミの葉っぱ、カキの葉っぱなどと同じように、お茶として飲まれることがあります。

オレンジ色の果皮や果肉、大きな葉っぱとともに、ビワでは、果実の中に入っている大きなタネが特徴です。ビワを食べるときには、これが邪魔になり、もしこれがなかったら、果肉が厚くなるので、「もっとおいしく食べられるのに」と、このタネは不満のタネとなっていました。

２００３年、不満のタネが消えた「タネなし」のビワが、千葉県農林総合研究センターでつくり出されました。世界で初めての「タネなしビワ」の誕生でした。品種の名前は、「希房」とつけられました。千葉県南房総地方の発展の「希望」を担う「希」と、産地となる南房総地方の「房」からなっています。

２００８年春、希房が市場に出ました。本来のタネのある部分は、希房では小さな空洞になっています。果肉の厚さは、「タネありビワ」の約2倍です。「果汁が多く、肉質がやわらかく、おいしい」といわれ、高値であるにもかかわらず、人気があります。

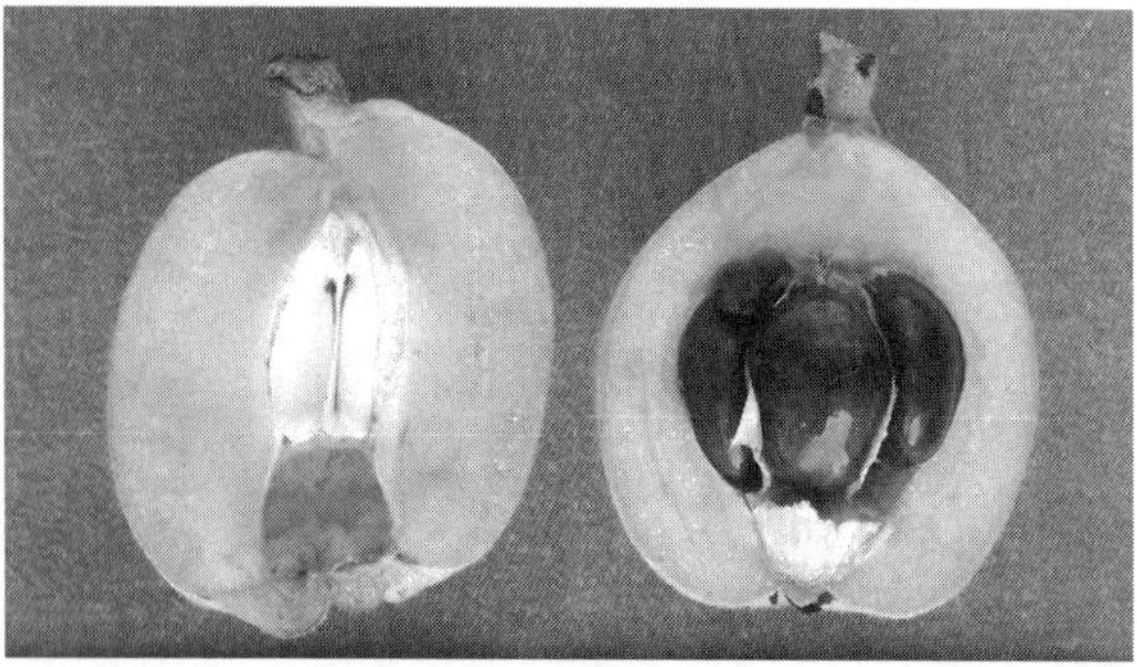

タネなしビワ「希房」（左）とふつうのビワ（右） 写真提供：千葉県

ビワのタネや未熟な果実には、天然の有害物質アミグダリンが含まれています。かつて、アミグダリンは、ビタミンの一種であるとして「ビタミン$B_{17}$」と称されたり、「ガンに効果がある」とうたわれたりしました。さらに、アミグダリンを健康に良い成分としている商品があります。

これらに対し、２０１７年、ビワのタネを粉末にした食品から、天然の有毒な物質が高い濃度で検出され、製品が回収される事案が複数ありました。現在では、アミグダリンをビタミンとする説は否定されており、健康への有効性に関する情報は、科学的に十分な根拠はないとされています。

そのため、農林水産省の２０１９年６月更新のホームページでは、「ビワなどのタネや未熟な果実には、天然の有害物質が含まれています。ビワの種子が健康に良いという噂《うわさ》を信用して、シアン化合物を高濃度に含む食品を多量に摂取すると、健康を害する場合があります」という内容が掲載され、ビワのタネの粉末を食べることに注意が喚起されています。

## スズランの茎を口に咥えてはいけない！

スズランは、以前はユリ科で、近年はキジカクシ科といわれ、原産地は広く北半球とされます。日本では、本州中部の高原や北海道の平地に群生します。初夏に、白い小さな花を多く咲かせます。学名は、「コンバラリア ケイスケイ」で、「コンバラリア」は、「谷間のユリ」を意味します。

「ケイスケイ」は、伊藤圭介という博士の名前にちなみます。伊藤圭介博士は、江戸時代末期から明治時代の初期にかけて、東京帝国大学などで活躍した植物学者です。彼は、日本で最初の理学博士です。現在では、私たちがふつうに使っている、「オシベ」「メシベ」「花粉」などの日本語の言葉をつくり出した人です。

伊藤圭介博士の名前は、その業績を讃えて、いくつかの植物の学名に残されています。たとえば、シソ科のシモバシラの「ケイスケア ヤポニカ」や、セリ科のアシタバの「ア

スズラン

ンジェリカ　ケイスケイ」、スミレ科のマルバスミレの「ビオラ　ケイスケイ」などです。その一つが、スズランの「コンバラリア　ケイスケイ」なのです。

花の並び方が階段状に見えるので、スズランは、ドイツ語では、「天国への階段」という意味の名前をもっています。「この花を贈られると幸せがくる」といわれるので、「天国への階段」の名はふさわしいのかもしれません。

しかし、この植物は有毒な物質を含んでいるため、うっかり食べてしまうと、別の意味で「天国への階段」を上ることになります。この名前には、「この植物を口にしてはいけない」との戒めが含まれると考えるべきです。

スズランに含まれる有毒物質の名は、この植物の属名「コンバラリア」にちなんで、「コンバラトキシン」です。「トキシン」は、英語でもドイツ語でも「毒素」を意味する語です。「わざわざ、スズランを食べることなどない」と思われますが、そうではないのです。なぜなら、芽生えの姿が、東北地方の「山菜の王様」といわれるギョウジャニンニク（行者大蒜）とよく似ているからです。

ギョウジャニンニクは、本章の「(4) 人が亡くなることもあるイヌサフランの毒」で、「東北地方の春の山菜で、おいしいと人気が高いものです」と紹介しました。山の奥深くに生え、ニンニクの香りが強く、「昔、修験道の行者が食べた」といわれるところから、その名をもつ植物です。近年は、人工栽培されたものが市販されていることがありますが、希少な山菜なのです。スズランの芽生えがこれと間違われて食べられることがあるのです。

食べなくても、子どもたちには気をつけなければならない植物です。かわいい花なので、切り花として使われますが、スズランの切り花を挿していた花瓶の水を子どもが飲んで中毒をおこした例があります。

コンバラトキシンは、水に溶けやすい性質をもっています。ですから、花瓶の水を飲んではいけないのはもちろんですが、子どもたちが切り花の茎を口に咥《くわ》えたりしないように注意しなければなりません。

１９８９年、アメリカのネブラスカ大学獣医学部からの報告に、次のようなものがあります。家で飼っていた1歳になるイヌが、突然倒れて死亡しました。不審に思った飼い主は、病院に愛犬を運び、解剖してもらいました。

すると、小腸からスズランの葉っぱが出てきて、心臓麻痺によく似たコンバラトキシン中毒の症状が見られたということです。そのため、このイヌは、おそらくスズランの葉っぱを食べたことによる中毒で死亡したと考えられました。

ちなみにヨーロッパでは、5月1日が「スズランの日」とされており、スズランを贈る習慣があります。これは、１５６１年の5月1日に、フランスの国王、シャルル9世がスズランの花束を女官からプレゼントされ、大喜びしたことがはじまりとされています。

その後、シャルル9世は、この喜びを宮廷で働いている女性たちにも分け与えようと考え、毎年、5月1日にスズランを贈ることにしました。それ以来、ヨーロッパの人々の間では、スズランを5月1日に贈ると、その年1年間は幸せに暮らせるという風習が定着したのです。

## キョウチクトウの枝には、要注意！

キョウチクトウ　写真提供：四季の山野草

ごく身近にある植物で有毒な物質を含んでいるものの一つは、キョウチクトウです。葉っぱの形がタケの葉っぱに似ており、ピンク色の花がモモの花に似ています。そのため、「二つを併せもつ」という意味をもつ「夾」という字をつけて、キョウチクトウ（夾竹桃）と名づけられている植物です。

この植物はキョウチクトウ科で、原産地はインドです。学名は、「ネリウム　インディカム」です。属名の「ネリウム」は、ギリシャ語で、「湿った」の意味で、湿地でよく育つことからつけられています。「インディカム」は、インド生まれであることを示しています。

この木は、挿し木で容易に増やせることや排気ガスに強いこともあって、街の中で庭木や街路樹として広く植えられ、夏の間、真っ白やピンク色の花を咲かせます。兵庫県の尼崎市や、鹿児島市、千葉市や広島市で「市の花」と定められています。

しかし、この植物は、葉っぱや枝におそろしく有毒な物質をもっているのです。「オレアンドリン」という名前の物質です。この名前は、この植物の英語名の「オレアンダー」にちなむ名前です。この有毒物質のおかげで、この植物の葉っぱは、虫にほとんど食べられません。

**フランスで、バーベキューの串にこの植物の枝を使ったために、数名が亡くなるという事件がおこっています。**日本でも、「明治時代の初め、西南の役で官軍の兵士がこの植物の枝をお箸に使って中毒をおこした」という話があります。

この有毒な物質から、キョウチクトウは、原産地のインドでは、「ウマ殺しの木」といわれ、イタリアでは、「ロバ殺しの木」とよばれています。また、一般的に花言葉は、希望に満ちた言葉が多いのですが、この植物の花言葉は、「危険」「注意」「用心」などとなっています。

## 加熱しないと食中毒をおこす豆

ベニバナインゲンは、マメ科のツル性の植物です。この植物は、熱帯アメリカが原産地であり、夏に赤色の花を咲かせます。そのため、ベニバナインゲン（紅花隠元）とよばれます。また、この植物には、白い花を咲かせるものもあり、シロハナマメ（白花豆）という別名もあります。

この植物は、食用のインゲンマメ（隠元豆）と同じインゲンマメ属の仲間であり、インゲンは、このマメを中国から日本に伝えたといわれる「隠元」という僧侶の名前にちなみます。隠元は、17世紀の中頃に日本に渡来し、現在の京都府宇治市の黄檗《おうばく》という地に、萬福寺を創建した人で、黄檗宗の開祖といわれます。

ベニバナインゲンの豆には、赤色や黒色の模様があるともいわれますが、白色の豆がシロインゲンマメといわれます。また、インゲンマメにも、さまざまな色や模様のある豆がありますが、白色の豆は、シロインゲンマメとよばれます。

シロインゲンマメは、２００６年、ダイエットに利用できることが、あるテレビ番組で紹介されました。その番組を見て、そのダイエット法を実践した多くの視聴者から、「嘔吐したり、下痢をしたりした」との苦情がテレビ局に殺到しました。

シロインゲンマメには、「レクチン」という有毒な物質が含まれているのです。そのため、食べるときには、十分に加熱しないと、嘔吐や下痢などの食中毒の症状がおこります。ところが、その番組では、「十分に加熱してから、食べるように」という注意が視聴者に十分には伝えられなかったのです。

レクチンには、いろいろな種類があり、シロインゲンマメに含まれているのは、「フィトヘマグルチニン」という物質であることが知られています。このレクチンは、ふつうの食用のインゲンマメにも含まれています。

しかし、この物質は、加熱されることにより無毒化されることがわかっています。そのため、私たちは、インゲンマメやシロインゲンマメを食べるときには、マメが完全にやわらかくなるまで煮ます。

「サヤインゲン（莢隠元）では、長時間、熱を加えて調理することはないのに、大丈夫なのか」との不安がよぎるかもしれません。でも、その心配は必要ありません。インゲンマメの有毒物質は、完熟に近づくにつれて、量が増えてくるのです。

そのため、完熟した豆は、長時間、加熱して調理する必要があるのです。市販されているサヤインゲンは、インゲンマメの若い未熟なものであり、毒性があるほどの有毒物質は含まれていません。市販されているサヤインゲンとして食べられる品種が選ばれています。

## (13)注意を要するセリ科の2種類

### ドクゼリとドクニンジン

有毒な物質をもち、誤食騒ぎをおこすものとして、これまで紹介したもの以外に、2種類の植物がよく知られています。ドクゼリとドクニンジンです。

ドクゼリは、食用のセリと同じセリ科の植物で、北半球の温帯地域を原産地として、日本でも、北海道、本州、四国、九州と全国に広く分布しており、主に湿地、小川などに群生します。成長すれば、セリよりは大きく成長するので、オオゼリという別名があります。しかし、この植物は、春の山菜採りの時期には、背丈が低いためにセリと間違えられるのです。古くから、「5月のセリは食べるな」といわれているのは、このためです。また、根茎はワサビの根茎と間違えられます。

ドクゼリには、その名前の通りに、有毒な物質が含まれています。その名前は、シクトキシンです。この物質は吸収されるのが速いので、食べると食中毒症状の発症も速くおこります。シクトキシンは、神経の伝達に影響して、呼吸をしづらくするため、死に至る猛毒といわれます。

ドクニンジンは、食用のニンジンと同じセリ科の植物で、ヨーロッパを原産地とします。近年、この植物は日本でも生育範囲が広くなっています。その姿は、山菜であるヤマニンジンとよばれる「シャク」に似ているため、これと誤食されます。

ドクニンジンが有毒物質をもつことは、よく知られています。「古代ギリシャの哲学者であるソクラテスを処刑するために用いられた」といわれるからです。その物質名は、「コニイン」です。この名前は、ドクニンジンの属名である「コニウム」にちなみます。

コニインは、呼吸のために働いている筋肉を麻痺させてしまうので、食べると呼吸困難に陥り、死に至ることがあります。

## (14)観葉植物にも要注意！

### 「食べられないイモ」とは？

クワズイモという植物があります。この植物はサトイモ科のもので、原産地は、日本、中国、台湾、東南アジア、インドなどとされます。日本では、四国や九州の南部、沖縄県などに見られます。クワズイモは、高さ1メートル以上にも育ち、葉っぱは広げた傘のようで、人間が入れるほどの大きさにもなります。

アニメ映画の監督として著名な宮崎駿監督の代表作「となりのトトロ」のポスターや、雨が降るシーンで、トトロが頭にのせている葉っぱは、この植物の葉っぱといわれます。クワズイモの根は、サトイモに似ていますが、食べられません。そのため、「食べられないイモ」といわれ、それが、「クワズイモ」の名前の由来です。

食べられない理由は、クワズイモには、「シュウ酸カルシウム」とよばれる物質が多く含まれているからです。この物質を顕微鏡で見ると、鋭く尖《とが》った細い針のような形になっています。

そのため、この物質には、肌に触れるだけで、「チクチク」や「ピリピリ」、あるいは、「イガイガ」と感じる刺激があります。これを食べると、消化器官の粘膜に刺さり、痛みを感じ、中毒のような症状がおこります。

誤食される植物は、多くの場合、サトイモです。サトイモの葉を支える柄（葉柄《ようへい》）は、「ズイキ」とよばれ、野菜として食べられます。クワズイモの地上部の姿は、ズイキとよく似ているので、誤食されます。この誤食による食中毒騒ぎがよくおこるのには、もう一つの理由があります。

この植物の属名は、「アロカシア」であり、この名前で、観葉植物として市販されているのです。そのため、この植物は、身近にあり、サトイモの葉っぱや葉柄と間違えられるのです。しかし、クワズイモの葉っぱや葉柄から出る汁に触れるだけでも、ただれたりすることもあるので、鉢植えの世話をするときも、手袋などが使われます。

シュウ酸カルシウムは、果物の中では、パイナップルやキウイの果肉に多く含まれています。ですから、これらの果物を多く食べたときに、舌がチクチク感じるという経験をした人がいるはずです。

## (15)死亡事故もある
## バイケイソウ・コバイケイソウ

### 〝苦味〟を見逃すな！

バイケイソウは、以前はユリ科であり、近年はシュロソウ（棕櫚草）科とされる植物です。日本には、北海道、本州、四国、九州の高原や山間部の湿地などに群生しています。花がウメ（梅）の花に似ており、葉っぱがケイラン（蕙蘭）の葉の形をしているので、「梅蕙草《ばいけいそう》」といわれます。ケイランは、身近な園芸植物で、シラン（紫蘭）の別名です。

バイケイソウに似て、少し小型のものがコバイケイソウ（小梅蕙草）であり、これは、バイケイソウが育つ土地より、温度が低い場所や山の高いところに生育しています。

春に、これらの芽が出す若い葉っぱの姿が、山菜として採取されるギョウジャニンニク、オオバギボウシによく似ているため、誤食されます。ギョウジャニンニクは、イヌサフランやスズランと誤食されると紹介した山菜で、オオバギボウシは、ハシリドコロと間違えられると紹介した、おいしく人気の高い山菜です。

ところが、バイケイソウやコバイケイソウには、有毒な物質が含まれています。少し成長すれば、ギョウジャニンニク、オオバギボウシなどとは判別ができるといわれますが、新芽の若葉では、食べたときの〝苦味〟だけが違いといわれたりします。

その苦味は、「ベラトラミン」や「ベラトリジン」などの有毒物質によるものです。これらの物質名は、主に、この植物の属名である「ベラトラム」にちなみます。

１９５０年代のアメリカではバイケイソウは血圧を下げる薬として使われていました。

しかし、効果があまりに強過ぎることから、現在では使われていません。また、アジアでは、殺虫用の薬として使われていました。

バイケイソウを大量に摂取すると嘔吐、血圧低下、脱力で動けなくなり、最悪死に至ります。葉や茎と比べて、根には10倍程度、強い毒性があります。ウシ、ヒツジ、ウマなどにも中毒がおこります。

すでに紹介したように、農林水産省は、２０１９年3月に、「知らない野草、山菜は採らない、食べない！」のタイトルで、ホームページを更新しています。その中で、スイセンの葉っぱとニラやネギとの誤食や、球根をニンニクと誤って食べての食中毒などとともに、バイケイソウをオオバギボウシと誤って食べた食中毒事件がおきたことを紹介しています。

バイケイソウは、世界中で、食中毒騒ぎをおこします。たとえば、ヨーロッパでは、バイケイソウが、「ゲンチアナ」とよばれる植物とよく間違えられるのです。この植物は、ヨーロッパに分布または栽培される薬用植物です。胃の働きを高める作用があるといわれ、自家製のワインをつくるときに利用される植物です。

## 参考　有毒な物質をもつ、主な植物たち

| 植物名 | | 毒物 |
|---|---|---|
| シャクナゲ | ツツジ科 | ロードトキシン |
| アセビ | | アセボトキシン／グラヤノトキシン |
| トリカブト | キンポウゲ科 | アコニチン |
| カワチブシ | | |
| クリスマスローズ | | |
| フクジュソウ | | アドニン／シマリン／アドニトキシン |
| シュウメイギク | | プロトアネモニン |
| ラナンキュラス | | |
| アネモネ | | |
| ヒガンバナ | ヒガンバナ科 | リコリン／ガランタミン |
| スイセン | | |
| ベラドンナ | ナス科 | アトロピン |
| チョウセンアサガオ | | アトロピン／スコポラミン |
| ジャガイモ | | ソラニン／チャコニン |
| トマト | | トマチン |
| タバコ | | ニコチン |
| ハシリドコロ | | ヒヨスチアミン／アトロピン／スコポラミン |
| オモト | スズラン亜科（近年はキジカクシ科とも） | ロデキシン |
| スズラン | | コンバラトキシン |
| エニシダ | マメ科 | スパルティン |
| シロインゲンマメ | マメ亜科 | レクチン |
| ウルシ | ウルシ科 | ウルシオール |
| マンゴー | | マンゴール |
| ウメ | バラ科 | アミグダリン |
| ビワ | | アミグダリン／プルナシン |

| 植物名 | | 毒物 |
|---|---|---|
| ポインセチア | トウダイグサ科 | フォルボール |
| トウゴマ | | リシン |
| ヘチマ | ウリ科 | ククルビタシン |
| ヒョウタン | | |
| ユウガオ(かんぴょう) | | |
| ズッキーニ | | |
| ツルレイシ(ゴーヤ) | | |
| フキ(フキノトウ) | キク科 | ピロリジジンアルカロイド |
| アジサイ | アジサイ科 | 青酸(?)／フェブリフジン／<br>イソフェブリフジン |
| キョウチクトウ | キョウチクトウ科 | オレアンドリン |
| ナンテン | メギ科 | ナンデニン／ドメスチン |
| ソテツ | ソテツ科 | サイカシン |
| ユーカリ | フトモモ科 | 青酸 |
| ヨウシュヤマゴボウ | ヤマゴボウ科 | フィトラッカトキシン |
| イチョウ(銀杏) | イチョウ科 | ギンコトキシン |
| シマツナソ(モロヘイヤ) | アオイ科 | ストロファンチジン |
| ジンチョウゲ | ジンチョウゲ科 | ダフネチン |
| ニチニチソウ | キョウチクトウ科 | ビンカアルカロイド |
| アサガオ | ヒルガオ科 | ファルビチン |
| ランタナ | クマツヅラ科 | ランタニン |
| イヌサフラン | イヌサフラン科 | コルヒチン |
| ジギタリス | オオバコ科 | ジギトキシン |
| ワラビ | コバノイシカグマ科 | プタキロシド |
| サンショウ | ミカン科 | サンショオール／サンショール |
| カロライナジャスミン | ゲルセミウム科<br>またはマチン科 | ゲルセミン |

# 第2章

# 人間以外の生き物に毒になる物質

多くの植物たちが、いろいろな有毒物質を身につけています。それらは、動物に食べられることから、植物たちのからだを守っています。また、それらは、病原菌が植物たちのからだに感染することを防いでいることもあります。

私たち人間は、植物たちがつくり出す有毒な物質を避けるだけでなく、それらの物質の働きを積極的に利用してきました。植物たちのもつ有毒な物質は、私たちには、殺菌剤や殺虫剤として役に立ち、有害な病原菌を退治することに利用されるのです。

本章では、私たち人間には害を及ぼさずに、虫や病原菌を退治するのに役立つ植物と、その植物がつくり出している物質について紹介します。

## (1)ジョチュウギクがつくる物質

### 「蚊取り線香」の原料は?

ある植物が蚊などの虫を殺す成分をもつことは、約2000年前の中国ですでに知られており、その植物を粉にしたものが、虫除けとして使われていたといわれます。それが、シルクロードを経てヨーロッパや中東にも広まったと考えられています。

また別の説では、ある植物が虫を殺す成分をもつことは、今から７００年ほど前に、発見されたともいわれます。ユーゴスラビア（現在のセルビア共和国）で、ある女性が、この植物の花を摘んできて部屋に飾りました。花が枯れてしまったあとに、彼女はそれを燃やしました。すると、部屋にいたたくさんの虫が死んだというのです。

その植物は、ジョチュウギク（除虫菊）です。キク科の植物で、原産地は、地中海沿岸地方、中央アジア辺りです。５月ごろに白い花を咲かせ、また、「虫を近寄せない」という性質をもっているので、シロバナムシヨケギク（白花虫除け菊）という別名でよばれることがあります。これが、蚊取り線香の原料となった植物です。

この植物は、日本には、明治時代の初期、１８８０年代に持ち込まれました。そのころ、栽培されはじめたのは、和歌山県の温州《うんしゅう》ミカンの産地として名高い有田市でした。栽培が盛んに行われた時代の有田市では、あちこちで、花の季節には、白い花が敷き詰められたように咲き誇り、「白い絨毯《じゅうたん》」という言葉が使われました。

その後、栽培される地域が広がり、広島県では、瀬戸内海にある因島《いんのしま》市が栽培地として、有名になりました。そのため、ジョチュウギクは、この市の「市の花」に制定されました。

因島の馬神除虫菊畑　写真提供：一般社団法人 因島観光協会

２００６年、因島市は豊田郡瀬戸田町とともに広島県尾道市に編入されて、市の名称は消えてしまい、「市の花」の呼び名も消失しました。

戦後は、安価なジョチュウギクが外国から輸入されたり、蚊取り線香の成分が人工的につくられるようになったりして、この植物の栽培が衰退しました。現在では、ジョチュウギクは、因島で「幻の花」とされて、保護されるように栽培されているだけです。ただ、現在でも、花の見ごろとなる5月には、「尾道いんのしま除虫菊まつり」が開催されています。

この植物が、蚊を退治するために使われはじめた当初は、乾燥した花が粉末にされていました。それが火鉢の中の炭火の上で、おがくずなどといっしょにくべるように燃やされました。

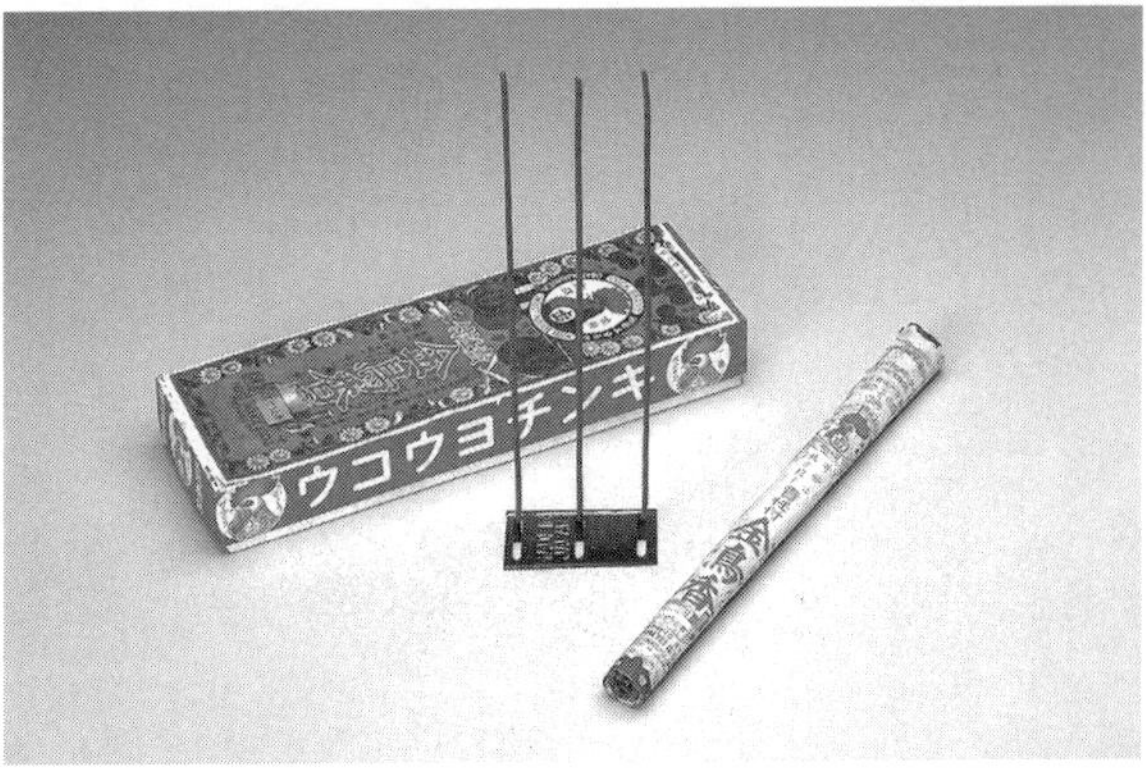


世界初の蚊取り線香　棒状蚊取り線香「金鳥香」　写真提供：KINCHO

しかし、蚊がいるのは夏であり、その季節に、ジョチュウギクを燃やすために、火鉢で火をおこすのは、暑さがきびし過ぎます。そのため、この方法はあまり普及しませんでした。

そこで、その粉末を線香の中に練り込むという工夫がなされ、「棒状蚊取り線香」が生まれました。これが、世界で初めての蚊取り線香です。ところが、この形状では、長い時間はもちません。約40分間で燃え尽きてしまいました。

そこで、長く燃えるためのひと工夫が凝らされました。現在、一般に使われている「渦巻き型蚊取り線香」が開発されたのです。このきっかけは、「棒状蚊取り線香」を製造していた「金鳥（KINCHO）」の社長夫人が、家の庭で、ヘビがとぐろを巻いているのを見たことでした。

そのとぐろを巻く姿を真似てつくられたのが、渦巻き型の蚊取り線香なのです。これが開発されたおかげで、燃え尽きるまでの時間は、棒状の蚊取り線香の約40分間から、約7時間に延びました。

その後、渦巻き型の蚊取り線香は、一世を風靡《ふうび》しました。世界中で使われるようになり、英語では、「モスキート　コイル」とよばれるようになっています。「モスキート」は、蚊のことであり、「コイル」は、渦巻き状の形を意味します。

日本には、「未来技術遺産」とよばれるものがあります。この正式な名称は、「重要科学技術史資料」です。わが国の産業技術や科学技術の発展に貢献し、次世代に継承していく重要な意義をもつものや、国民生活、経済、社会、文化のあり方に顕著な影響を与えたものが登録され、保護される制度です。

この制度は、２００８年からはじまっています。２０１３年、「棒状蚊取り線香」は、「渦巻き型蚊取り線香」とともに、「世界初の除虫菊を含む蚊取り線香」として、これに登録されました。

## ジョチュウギクが、蚊を退治する成分は？

「どのようにして、ジョチュウギクは蚊を退治するのか」との疑問がおこります。蚊取り線香は火をつけないと役に立ちません。そのため、火をつけると出てくる煙の中に、蚊を殺す物質が含まれていると思われがちです。しかし、蚊取り線香から出る煙には、蚊を殺す働きはありません。

ジョチュウギクに含まれる蚊を退治する働きをもっている成分は、主に、「ピレトリン（ピレスリン）」という物質です。ジョチュウギクには、ピレトリン以外にも、蚊の神経を麻痺させる成分が含まれていますが、この物質が主な成分なのです。

この名前は、ジョチュウギクの属名である「ピレトリウム」に由来します。この植物の英語名は、「ピレトラム（ピレスラム）」であり、この名前も属名にちなみます。

蚊取り線香に火をつけるのは、蚊を殺す働きをもっている成分であるピレトリンが、蚊取り線香から揮発させるためです。ピレトリンは、温度が高いほど揮発しやすくなるので、線香の温度を上げるために、火がつけられるのです。

空気中に揮発したピレトリンは、呼吸によって、皮膚や口から蚊の体内に取り込まれます。すると、蚊のからだの中に入ったピレトリンは、蚊の神経細胞に働きかけ、神経細胞が正常に働けないようにしてしまうのです。

私たち人間でも、神経細胞は、からだの動きや血圧、呼吸などあらゆる機能を支配しているものです。蚊でも、神経細胞が働くからこそ、蚊は活動していられるのです。

神経細胞が「ナトリウム」というミネラルを使って神経の働きを調節していることは、トリカブトの項で説明しましたが、ピレトリンは、この神経細胞のナトリウムによる調節を狂わせてしまうのです。そのため、神経細胞は、本来の働きができなくなります。

すると、神経がうまく働かなくなるために、けいれんがおこったり、呼吸ができなくなったりして、蚊は死んでしまうのです。つまり、「なぜ、蚊取り線香で、蚊は死ぬのか」という疑問に対しては、「蚊取り線香は、蚊の神経を麻痺させて、退治してしまうから」と答えられます。

次に浮かぶ「どのように、蚊の神経を麻痺させてしまうのか」という疑問に対しては、「ナトリウムによって神経細胞の調節が狂わされてしまうから」ということになります。

## 蚊取り線香は、人間に有害ではないのか？

蚊取り線香に含まれるピレトリンは、蚊の神経細胞に働いて、蚊を退治してしまいます。

私たち人間のからだでも、神経細胞が働いています。そのため、蚊取り線香が神経に働きかけているのなら、「その成分は、私たち人間にも、有害ではないのか」との素朴な疑問が浮かびます。

しかし、人間の場合には、ピレトリンは神経細胞に届く前にからだの中で分解されてしまい、毒性がなくなってしまいます。そのため、人間には、ジョチュウギクからとれる天然のピレトリンは、通常の使用では、安全とされてきました。人間だけでなく、私たちと同じ部屋で生活するイヌやネコなどのペットにも、毒性は現れないとされます。

近年、天然のピレトリンと同じ作用をもつ物質が、いくつか人工的につくられています。それらの物質は、総称して「ピレスロイド」、あるいは、「合成ピレスロイド」という名前でよばれます。

この物質は、蚊取り線香を超えて、用途が広がっています。たとえば、木材の柱などの内部に食い込み、家屋に大きな害を与えるシロアリは、この物質を嫌がって避けます。そのため、人工的に合成されたピレスロイドが、シロアリの被害を防ぐための防蟻《ぼうぎ》剤《ざい》として使われます。

## （2）クスノキがつくる物質

### 植物の香りはストレスを解消するか？

「森林浴」という言葉があります。森や林の中を歩いて、木々の「香り」をからだに感じ、取り入れて、身も心もリフレッシュしようとするものです。最近は、多くの人々に受け入れられてきています。日本だけでなく、世界でも森林浴は人気で、「シンリンヨク」として、英語でも通じるようになってきました。

森林浴では、「緊張がほぐれて、リラックスした気持ちになれる」とか、「ストレスが解消される」などの効果がいわれます。森林浴で浴びているのは、木々の葉っぱや枝や幹から出ている、ほのかに感じる香りです。

「木々が出すほのかな香りに、ほんとうに、そのような効果があるのか」との疑問が浮かびます。これに対して、森林浴の効果として、「緊張感を高める働きのある交感神経の活動が抑えられ、リラックス感を出す副交感神経の活動が活発になる」と説明されます。

確かに、交感神経の活動が抑えられると、緊張感の高まりは和らぐはずです。また、副交感神経の活動が活発になると、気持ちがゆったりとして、リラックス感が出るはずです。そのようなことは、交感神経と副交感神経の働きを知っていると、理論的に理解できます。

しかし、交感神経の活動が抑えられるのも、副交感神経の活動が高まるのも、どちらも目に見えません。そのため、医学的な知識や心理学的な知見がある人に、そのように説明されると、「ああ、そうですか」と納得せざるを得ません。

それでも、疑り深い性格の人には、「そう思わされているだけかもしれない」との思いが残ります。私には、「もう少し納得できる形で、証明してほしい」との思いがありました。近年、その思いに応えるように、目に見えない森林浴の効果を目に見える形で表す工夫がされてきました。

私たちがストレスを感じると、「ストレスホルモン」とよばれるものが唾液の中に増えてきます。その物質は、「コルチゾール」とよばれるものです。唾液中のコルチゾールの量を測ると、ストレスの度合いが表されるのです。この量が、森林浴をする前と、森林浴をしたあとで変化するのかがわかれば、森林浴の効果が実証できます。

実際に、コルチゾールの濃度が測定された研究があります。たとえば、2012年の「Forest Medicine（森林医学）」という学術誌に、千葉大学環境健康フィールド科学センターからの報告として、「15分間、森の中を歩く」という森林浴の効果が紹介されています。

この研究では、20代の男子学生12人を６人ずつの二つのグループに分けました。一方のグループの６人には、１人ずつ別々に、森林の中を約15分間、歩いてもらいました。また、別のグループの６人には、１人ずつ別々に、街の中を約15分間、歩いてもらいました。

その結果、森林を歩いたグループのメンバーでは、街の中を歩いたグループのメンバーに比べて、唾液中のコルチゾールの濃度が15・８パーセント低くなったのです。唾液中のコルチゾールの濃度は、ストレス状態の高さを示すものと考えられています。

ですから、コルチゾールの濃度が低下したのは、森林浴がストレスを緩和したといえます。同じような形式で、この研究は、日本全国35カ所で、延べ人数４２０人を対象として行われ、この傾向は確認されました。

森林浴で浴びている「木の香り」と表現されるものは、植物の葉や枝、幹から放出され、「フィトンチッド」とよばれます。「フィトン」とは「植物」という意味で、「チッド」は「殺すもの」という意味のロシア語です。

「殺す」という物騒な言葉が使われるのは、この香りが、抗菌・殺菌作用をもち、カビや病原菌を遠ざけたり退治したりする働きをすることによります。そのため、私たちは、暮らしの中で、この香りの働きを防腐剤などに利用しています。

木々から出されるほのかな香りといっても、香りは〝ただもの〟ではなく、その働きは、ほのかなものではないのです。実際、このほのかな香りは、私たちの気持ちに働きかけて、ストレスを軽減するだけではありません。

フィトンチッドは、1930年、ソ連のレニングラード大学のトーキン博士が、「植物はからだから、カビや細菌を殺すいろいろな物質を出し、自分のからだを守っている」との考えを提唱したときの物質であり、香りなのです。

トーキン博士の考えが提唱される前から、私たちは暮らしの中で、古くから、フィトンチッドの抗菌作用や防虫効果を利用してきています。たとえば、柏餅《かしわもち》や桜餅、柿の葉寿司などは、植物の香りを利用して食べものの保存をはかる例です。

また、ササやタケの葉っぱは、粽《ちまき》や笹団子、鱒《ます》寿司を包むのに使われます。昔はお肉やおにぎりなどを包むのに、タケの皮が利用されていました。

でも、もっと積極的に植物の香りを利用してきたものがあります。次項で紹介します。

## なぜ、植物の香りが防虫剤になるのか?

フィトンチッドを漂わせることでよく知られる樹木の一つに、クスノキがあります。クスノキは、宮崎駿監督の「となりのトトロ」のトトロが住んでいる木として、よく知られています。

クスノキは、日本、台湾、中国を原産地とする、クスノキ科の植物です。日本では全国どこにでも、古くから、身近にあります。兵庫県、佐賀県、熊本県、鹿児島県では、「県の木」に選ばれています。

クスノキが香りを漂わせると知っていても、この木に近づいて香りを嗅《か》いでも、特に幹や枝、葉っぱから香りは発散していません。葉っぱを切り取って嗅いでも、そのままではほとんど香りません。ところが、葉っぱを手でもみくちゃにすると、強い香りが漂います。

葉っぱを手でぐちゃぐちゃともむと、葉っぱに傷がつきます。すると、強い香りが葉っぱから放出されるのです。手でもまれて葉っぱが傷つくことは、葉っぱにとっては、虫に食べられ葉っぱが傷ついたことを意味します。

この香りは、葉っぱが虫に食べられて傷がついたときに虫を撃退するために出るものです。クスノキの葉っぱから出る香りは、「ショウノウ（樟脳）」という成分です。これは、英語では「カンファー」といわれます。クスノキの英語名が「カンファー　ツリー」であり、それが物質名に使われているのです。

私たち人間は、昔から、この香りを日常において積極的に利用しています。着物や洋服などを虫に食べられることから守る防虫剤として、多くの家庭で利用されてきました。

近年は、「ショウノウ」として化学合成された商品がありますが、本来はクスノキから取り出された天然の香りです。現在でも、天然のものもあり、〝天然〟という言葉が使われて、防虫剤として市販されています。

私たちは、日常の生活において、クスノキの香りである「カンファー」からいろいろな恩恵を受けています。この物質は、かつては、医薬分野では「カンフル」とよばれ、医薬品としても使われました。

この語は、クスノキのオランダ語名やドイツ語名に由来します。弱った心臓の機能を回復させるための強心剤として使われて

千葉県習志野市　香澄公園のクスノキ
写真提供：植物写真鑑

いました。植物たちがつくる物質が、私たちの暮らしの中で役に立つという一つの例です。

現在、医薬分野で、カンフルという薬品が使われることはほとんどなくなりました。でも、ダメになりかかっているものを復活させる手段として、「カンフル剤を打つ」というような表現は、医学の分野を離れて残っています。

気持ちが落ち込んでいる人を元気づけるときや、景気を浮揚させるために何かの策を講じるときや、業績が低迷している企業に資金を投入するときなどに、「カンフル剤を打つ」というふうに使われます。

## （3）ヒノキがつくる物質

### 「宮殿の建築に使え」といわれた樹木は？

古くから、多くの種類の樹木が、いろいろな用途に利用されてきています。奈良時代に完成した日本最古の歴史書である日本書紀には、「スギとクスノキは舟に、マキは棺に」と書かれています。これと並んで、ある樹木が「宮殿の建築に使え」と記述されています。

さて、この樹木は、何でしょうか。

その樹木は、香り高いことで、ひときわよく知られているヒノキです。多くの種類の樹木が、いろいろな香りを放散させます。それらの香りには、私たちの心を癒やすものが多くあり、身も心もリフレッシュされることがあります。

その代表的なものの一つに、ヒノキチオールという香りがあります。これは、１９３６年に、タイワンヒノキ（台湾檜）から、日本人により発見された物質です。ヒバやヒノキなどのヒノキ科の樹木に特有の香りであり、強い殺菌や抗菌の作用があります。

「ヒノキチオールを多く含む」といわれるヒバは、「明日にはヒノキになろう」という言葉に由来して、「アスナロ」ともよばれる樹木です。漢字で「翌檜」と書かれるのも、同じ意味です。日本では、ヒバの仲間では青森ヒバがよく知られており、１９６６年に「青森県の木」に指定されています。

この樹木は、江戸時代に長崎のオランダ商館に来ていた、スウェーデンの医師であるツエンベリーやドイツ人の医師であるシーボルトなどにより、ヨーロッパへ紹介されました。この樹木の属名は「ツヨプシス」ですが、これは、「トウーヤ属に似ている」という意味です。トウーヤ属の樹木には、ニオイヒバなどがあります。

日本には、美しい森が多くありますが、その中でも「三大美林」として選ばれるものがあります。じつは森には、天然のものと人工のものがあります。人工の「三大美林」をつくるのは、静岡県の天竜杉、三重県の尾鷲檜《おわせひのき》、奈良県の吉野杉です。青森県の青森ヒバは、長野県の木曽ヒノキ、秋田県の秋田スギとともに、天然の「三大美林」を形成する樹木として知られています。

ヒノキは、日本特産の樹木で、英語名は「ジャパニーズ サイプレス」や「ヒノキ サイプレス」とよばれます。「サイプレス」は、ヒノキ科の仲間の樹木で、和名では「イトスギ」とよばれる地中海沿岸地方が原産の樹木です。

ヒノキの属名は、「カマエキパリス」です。これは、ギリシャ語の「小さい」と「イトスギ」が合成されたものです。ヒノキの果実がイトスギの果実より小さいことにちなむといわれます。ですから、「小さい果実をつけるイトスギのような樹木」というような意味でしょうか。

日本書紀には、「スギとクスノキは舟に、マキは棺に」とともに、「ヒノキは宮殿に」と書かれていると紹介しました。ヒノキは、抗菌性、耐久性、防虫性などに優れているので、宮殿の建築に最適であるということです。

抗菌性があるので、お寿司屋さんのカウンターの前にある、魚が並んでいるネタケースの下に敷かれていることもあります。また、カビや菌の増殖を抑えるので、湿度が高く、カビが発生しやすいお風呂で、浴槽や手桶、椅子に使われることもあります。

「ヒノキは宮殿に」といわれるように、実際に、この樹木は多くの建築物に使われています。たとえば、奈良県奈良市に現存する世界最古の木造建築物である法隆寺にも使われています。

　法隆寺は、聖徳太子により、６０７年に建設され、６７０年に焼失したとされますが、８世紀初めまでに再建されており、およそ１３００年の月日を経て、いまだに健在です。１９９３年には、姫路城とともに、日本最初の世界遺産として登録されています。

「奈良の大仏様」で知られる奈良市の東大寺大仏殿の北西に位置する正倉院もヒノキを使って建てられています。正倉院の正確な建立の年は不明とされますが、８世紀の半ばといわれます。

　この中には、聖武天皇や光明皇后のゆかりの品など多くの美術工芸品が収められています。これらの宝物は驚くほど良好な状態で保存されています。その理由として、校倉造《あぜくらづくり》で床下が高く、庫内の湿度が一定に保たれることや、ヒノキの防虫効果のおかげだといわれています。

京都産ヒノキをふんだんに使った東寺の観光トイレ　写真提供：東寺

ということは、ヒノキでつくられた建物自体が長く健在であるばかりでなく、その中に置かれるものも、ヒノキの香りで守られるということです。この建物は、１９９７年に、国宝に指定され、１９９８年に、古都奈良の文化財の一部として、世界遺産に登録されています。

２０１９年春に、京都市南区の東寺にヒノキを使ってつくられた観光トイレが話題になりました。このトイレは、京都産のヒノキをふんだんに用いてつくられています。東京五輪に向けて、「観光地トイレのおもてなし向上プロジェクト」の一つとして進められてきたものです。

日本特産の樹木であるヒノキでつくられたトイレで外国人をもてなそうということです。ヒノキの香りが漂い、トイレ消臭剤などは必要のないトイレだろうと想像されます。

## 「三大死因」の陰に肺炎あり？

２０１９年６月に、厚生労働省が、２０１８年に亡くなった人の死因のランキングを発表しました。それによると、これまでと同じように、第１位は「悪性新生物（腫瘍）」と表される「ガン」によるものです。

第２位は「心疾患（高血圧性を除く）」で、狭心症や心筋梗塞によるものです。第３位は、今までは脳梗塞や脳内出血などの「脳血管疾患」でしたが、２０１９年の発表では、これが第４位になり、別の死因が第３位に入りました。

それは、「老衰」でした。日本人の平均寿命が延びており、高齢者が老いて衰弱し、特にこれといった病気がないまま亡くなるということでしょう。そのため、老衰で亡くなる人が多くなるということは、病気に対応する医療技術が進歩してきていることを意味します。

第５位の死因が、肺炎でした。毎年、この病気は、「第３位の死因」とか「第４位の死因」といわれてきました。「なぜ、この年に、肺炎の順位が下がったのか」との疑問が浮かびます。

今までも、死亡診断書の死因病名が「肺炎」「誤嚥性《ごえんせい》肺炎」とされていた患者の多くは、肺炎が直接の死因ではなく、老衰によって死亡しているといわれていました。そこで、最近、誤嚥性肺炎で死亡した場合にも、死亡診断書の死因病名に「肺炎」ではなく「老衰」と記載する医師が増えてきているといわれます。

そのことが、肺炎という死因が減少している理由と考えられます。ということは、肺炎で亡くなる人が減ったのではなく、多くの高齢者が肺炎や誤嚥性肺炎で亡くなっていることに、変わりがないということです。

２０１４年から、高齢者を対象とした肺炎球菌ワクチンの定期接種が開始されています。これは、多くの高齢者が肺炎で亡くなるということを背景に、65歳以上の高齢者に、肺炎球菌ワクチンの定期接種の機会を設けるものです。

この制度では、今まで成人用の肺炎球菌ワクチンを接種したことがない人を対象に、２０１９年度から２０２３年度までの５年間に１人１回、定期接種の機会が設けられています。

対象の人が定期接種を受けられるのは、該当する年度の１年間のみに限られるので、定期接種を希望する人は、必ずこの期間に受けなければなりません。

この制度の効果が出て、肺炎という死因が減少している可能性も考えられます。しかし、肺炎がおそろしい病気であることに変わりはありません。この病気をもっとも多く引きおこす病原菌は、肺炎球菌というものです。

この病原菌の増殖に対する樹木の香りの効果について、次項で紹介します。

## 肺炎を抑える〝植物の香り〟とは？

２０１９年５月、新潟大学から、**肺炎を引きおこす肺炎球菌の増殖を防ぐ樹木の香りが発表されて、話題になりました。それが、ヒノキチオールでした。**

この香りがいろいろな病気のもとになる菌の増殖を抑えることが、以前から、調べられてきました。たとえば、虫歯や歯周病の原因となる菌や、食中毒の原因となる黄色ブドウ球菌や大腸菌などの増殖を抑えることが示されてきました。

今回は、肺炎の原因になる肺炎球菌の増殖を抑えることが示されたのです。この肺炎の原因となる肺炎球菌の増殖に対するヒノキチオールの効果が調べられました。その結果、ヒノキチオールの濃度を高めると、菌の増殖は抑えられ、最終的には、肺炎球菌の増殖をほぼ完全に抑えることができた、ということです。

さらに、この研究では、ヒノキチオールの優れた効果が発見されました。肺炎の原因となるような細菌の増殖を抑えるためには、ふつう、「抗生物質」とよばれる薬が使われます。これは、カビや細菌などの微生物によってつくられる物質で、他の微生物の機能や増殖を抑える物質です。

肺炎に対する抗生物質が発見されたのは、約90年前のことです。この物質のおかげで、肺炎にかかった多くの人の命は救われてきました。ところが、この物質を使っていると、この物質に負けない肺炎球菌が生まれてくるのです。つまり、抗生物質の効かない肺炎球菌が出てくるのです。

これはこの病気だけに限ったことではありません。病原菌を退治する抗生物質を使っていると、しばらくは効果があります。しかし、やがて、その抗生物質に耐え、打ち勝つ病原菌が出てくるものなのです。肺炎に限らず、多くの病気で、病原菌と抗生物質の戦いは繰り返されてきています。

**ところが、驚いたことに、ヒノキチオールは、抗生物質に負けない肺炎球菌の増殖も抑えることができたのです。**ヒノキチオールは、すでに使われている抗生物質を使っても死滅しない肺炎球菌の増殖をほぼ完全に抑えることができたのです。

ただ、今回の研究の成果は、肺炎球菌にヒノキチオールを直接与えて調べられたものです。今後は、実際に肺炎球菌に感染したマウスや人間に対しての、ヒノキチオールの効果が調べられなければなりません。

また、人間に使う場合には、ヒノキチオールがヒトのからだを傷つけてはいけません。それについては、この研究で、人間の歯ぐきの細胞に対する効果で確認されました。その結果、肺炎球菌の増殖を抑えるようなヒノキチオールの濃度では、人間の歯ぐきの細胞は傷つかないことが示されたということです。

# 第3章 毒が薬にも！
# 植物から生まれたお薬

私たち人間は、多くの植物たちがつくり出す有毒な物質を、自分たちの病気を治すための薬として利用することを思いつきました。有毒な物質の濃度や量を調節したり、熱などで加工することにより構造を少し変えたりして、役に立つ薬にしました。

そのため、「毒変じて薬となる」や、「毒薬変じて甘露となる」といわれます。甘露は、おいしいものを指す場合もありますが、古くは、天から与えられる不老不死の薬を指す言葉として使われていました。

植物たちが自分のからだを守るための物質には、いろいろな種類があります。そのおかげで、植物たちは、いろいろな病気に効く薬の原料になるのです。多種多様な植物は、「薬の宝庫」といっても過言ではありません。

本章では、薬とかかわりのある、代表的な植物たちを紹介します。

## (1)スイセンの毒は、認知症を防ぐのに役立つか？

## スイセンの毒は、認知症の薬となるか?

スイセンには、第1章で紹介したリコリン以外にも、「ガランタミン」という有毒な物質が含まれています。この物質は、葉っぱにも、球根にも含まれています。葉っぱより、球根に多く含まれるのは、リコリンの場合と同じです。

ヒガンバナにも、ガランタミンが含まれています。ヒガンバナにおいても、葉っぱより球根の部分に多く含まれます。

ガランタミンは有毒な物質ですが、薬としても、世界中で利用されています。１９４７年、ソ連（現在のロシア）において、ガランタミンが最初に植物から取り出されました。マツユキソウ（待雪草）を含むスノードロップとよばれる植物からです。その後、１９５３年に、日本でも、ヒガンバナからガランタミンが抽出されました。

取り出された当初は、ガランタミンはまったく注目されませんでしたが、１９６０年代に、ガランタミンに、からだの中の「アセチルコリン」という物質の量を保つ働きが発見されました。アセチルコリンは、神経の興奮を伝達する物質として働いています。

ガランタミンがアセチルコリンの量を調節していることがわかると、ガランタミンの研究は一気に加速し、アセチルコリンが少なくなる病気の治療薬として使われはじめました。

アセチルコリンが少なくなる病気の代表は、私たちの多くがもっとも気にする病気であるアルツハイマー病です。

認知症にはいくつかの種類がありますが、その中で、アルツハイマー病は約60パーセントを占めます。高齢になれば、かかる可能性が高く、「かかりたくない、なりたくない」とおそれられている病気です。

アセチルコリンは、新しい物事を覚えようとするときに必要となる物質です。そのため、アセチルコリンの量が減ると、新しい物事を覚えにくくなる症状が出てきます。

新しい物事が覚えにくく物忘れをするというアルツハイマー病の症状が出る人の脳の中では、アセチルコリンの量が少なくなっています。その理由は、アセチルコリンをつくる神経細胞がどんどん減っていくからです。残念ながら、「なぜ、神経細胞が減っていくのか」は、わかっていません。

ガランタミンには、「アセチルコリンが減るのを防ぎ、アセチルコリンの量を保つ」という働きがあります。日本や欧米では、ガランタミンを含めて、「アセチルコリンの量を保つ」という効果で、アルツハイマー病の治療薬が承認されています。

現在、日本で認められている認知症の薬は、4種類ですが、その中の3種類はアセチルコリンの量を保とうとするものです。

## (2)イヌサフランが生んだお薬

### 「毒変じて薬となる」ための成分とは？

第1章で、イヌサフランの有毒物質について取り上げました。でも、「イヌサフラン」という名前については紹介しませんでした。これは、気の毒な名前なのです。

イヌサフランの「イヌ」は、「犬死」の「犬」に由来します。犬死は、「何の役にも立たない死」を意味します。「イヌ」という語は、「役に立たない」という意味で使われることがあるのです。

イヌサフランの花は、サフランに似ています。サフランは、高価な生薬や香辛料に使われます。でも、この植物は、高価な生薬や香辛料には使われません。そのため、「役に立たないサフランのような植物」という意味で、「イヌサフラン」という名前がつけられているのです。

ところが、この植物が何の役にも立たないとされたのは、大きな誤解です。現在では、イヌサフランは役に立っているのです。

　この植物がもつ有毒物質である「コルヒチン」は、タネなしのスイカをつくるためには、なくてはならない薬品です。「タネなしスイカ」は、１９００年代の半ばに、遺伝学者の木原均博士によってつくり方が考案され、実践されたものです。その方法の中で、必ず使われるのがコルヒチンなのです。

　また、この物質は、「痛風」という病気の特効薬となっています。痛風は、血液中の尿酸の量が増え、通常は、足の親指の付け根辺りが赤く腫れ上がり、ものすごい痛みを伴うものです。「風に当たっても、痛みを感じる」という意味で、「痛風」です。

　昔は、「おいしいご馳走をたくさん食べるとかかる病気」といわれ、「王様の病気」とか、「ぜいたく病」などといわれました。「痛風になった」といえば、その暮らしぶりが少しうらやましがられることもある病気だったのです。

　ところが、現在では、ただの「飲み過ぎ、食べ過ぎ」の病気です。この病気にかかったからといって、決して自慢できる病気でも、うらやましがられる病気でもありません。ただ、痛いだけの病気です。

　しかも、コルヒチンは、「痛風の特効薬」といっても、即効薬ではありません。「痛風の予兆を感じて飲めば、よく効く」といわれます。でも、実際に予兆を感じたときに服用しようと思っても、このお薬は手もとにはありません。病院で処方してもらわねば、手に入らないからです。

予兆を感じたあとには、足の親指の付け根辺りが赤く腫れてきます。そして、ものすごい痛みを伴います。その症状を治すには、7〜10日間ほどかかります。その間、激痛は消えません。ですから、「飲み過ぎ、食べ過ぎ」に気をつけて、痛風にはかからないようにしなければなりません。

痛風は古くから人々を苦しめる病気でした。紀元前5世紀には、古代ギリシャの医師であったヒポクラテスは「裕福な上流階級の中年男性」におこる病気として痛風を記載しています。さらに古くにさかのぼると、エジプトで発掘されたミイラの関節に痛風の原因である尿酸塩が見つかったという報告があります。

また、さらに昔にさかのぼると、白亜紀の恐竜ティラノサウルス・レックスも痛風を患っていたといわれます。シカゴにあるフィールド自然史博物館に保存されている、この恐竜の化石の右手の指に、尿酸塩が蓄積していると思われる形跡が見つかったのです。

１８２０年に、イヌサフランの球根からコルヒチンが分離され、これが痛風の治療薬となりました。ただ、摂取量が過剰になった場合には、死を招く可能性がある危険な成分です。

「なぜ、毒変じて薬となれるのか」との素朴な疑問があります。実は、毒としての作用と薬としての作用は同じなのです。第1章のイヌサフランの項で、「コルヒチンは、摂取した数時間後から、細胞の働きを弱めます」と紹介しました。

痛風は、患部に尿酸の塊が生じることでおこります。その塊を消し去るために、患部には、白血球が働きます。この白血球の働きに伴い、炎症がおこり、痛みが発生するのです。コルヒチンは白血球の働きを弱めますから、予兆を感じたときにコルヒチンを摂取すると、炎症や痛みを防ぐことができるのです。

## (3)トリカブトが生んだお薬

### 毒薬界のスーパースターが漢方薬に

トリカブトは毒薬界のスーパースターと紹介しましたが、漢方薬では、根の部分が「附《ぶ》子《し》」とよばれ、薬の原料になります。

たとえば、多くの老人病を予防する効果をもつといわれる「八味《はちみ》地《じ》黄《おう》丸《がん》」という漢方薬が、古くからあります。

「八味」とは「八つの味」を意味し、8種類の生薬が含まれています。「地黄」とつくように「地黄」が中心です。地黄とは、ゴマノハグサ科（現在、ハマウツボ科とされることもある）のアカヤジオウという植物の根であり、貧血を改善したり、強壮作用があったりするといわれます。

八味地黄丸には、地黄以外にも、さまざまな植物の樹皮や実、根などが使われています。その一つに「附子」が含まれているのです。

「毒変じて薬となる」といわれますが、「トリカブトのアコニチンのような強い毒性をもつ物質が、薬になるのか」との疑問が浮かんできます。しかし、この物質の毒性を弱める処理方法が、昔から知られていました。

昔の狩猟には、トリカブトの毒が用いられることがありました。矢の先の矢尻に、トリカブトの毒を塗り、殺傷力を高める「矢毒」として利用され、獲物を得ていました。「そのような猛毒の矢毒で射止めた動物の肉を安全に食べることができるのか」との疑問が浮かびます。

それに対しては、「矢の刺さった箇所の周囲の肉を深くえぐり取って捨てれば大丈夫」といわれます。さらに、肉を食べるときには、生ではなく、煮たり焼いたりします。これが大切で、トリカブトの毒は熱により、毒性が弱められるといわれます。

その性質が、トリカブトの毒を漢方薬として利用するときには使われます。トリカブトの毒の主な成分であるアコニチンは、長時間加熱すると、アコニンという物質に変化します。この物質は毒性が弱くなっており、トリカブトが附子として漢方薬に利用されるときには、この物質に変化していると考えられます。

## (4)クソニンジンが生んだお薬

### 人類の最大の死因とは？

毎年、秋になると、ノーベル賞の受賞者が話題になります。ノーベル賞の中でも、生き物が研究の対象となっているのは、医学・生理学賞です。

日本人では、２０１８年に、「免疫抑制の阻害によるガン療法」を発見した本庶佑《ほんじょたすく》京都大学特別教授が受賞し、２０１６年に、「オートファジーのメカニズム」を発見した大隅《おおすみ》良典《よしのり》東京工業大学栄誉教授が受賞しました。

２０１５年には、日本の大村智《おおむらさとし》北里大学特別栄誉教授とアイルランド出身のウイリアム・キャンベル博士が、共同受賞しました。２人は、寄生虫病などの特効薬のもとになる物質を見つけ、「イベルメクチン」などの治療薬を開発しました。

その結果、熱帯地域の何億人もの人々が、失明に至るオンコセルカ症や、足が膨れ上がる象皮症から、救われました。治療薬のもととなった物質は、土壌の中にいる微生物がつくり出すものでした。そのため、大村智博士は、「受賞できたのは、微生物のおかげ」と語られました。

２０１５年の医学・生理学賞には、もう１人の受賞者がありました。中国の屠呦呦《トゥ・ユーユー》氏です。この方の受賞は、大村智博士のようにいえば、「受賞できたのは、植物のおかげ」となるはずです。

受賞の業績は、ある病気の治療に、植物のつくり出す成分を用いて、多くの人々の命を救ったというものでした。その病気は、日本では幸いにも縁の薄いものですが、世界的にはおそろしいものです。

人類が誕生してから現在まで何百億人が生まれたかについては、いろいろな説があります。ある説によると、「現生の人類は約20万年前に誕生し、現在まで約８００億人が生まれた」といわれることがあります。

この説にしたがうと、現在の世界人口は約75億人ですから、七百数十億人がすでに亡くなったことになります。その原因の多くは戦争と思われがちですが、現在までに生まれた人間のもっとも多い死亡原因は、戦争ではなく、ある病気とされています。

正確な人数が把握されているわけではありませんから、この真偽は不明ですが、その病気は、「マラリア」といわれています。マラリアは、ハマダラカという蚊により感染し、高熱を発したり、下痢症状が出たり、ひどくなると、昏睡状態になり、死に至る病気です。

世界保健機関（ＷＨＯ）によると、２０１７年には、マラリアは、世界中で約２億人が感染し、約43万人が亡くなったといわれています。特に、赤ちゃんや子どもが亡くなることが多く、マラリアは、人類を苦しめ続けてきた病気なのです。

人類を悩ませ続けてきた病気であることを証明するように、これまでにマラリアに関係する研究では５人ものノーベル医学・生理学賞の受賞者が出ています。

１人目は、１９０２年に受賞した、イギリスの内科医ロナルド・ロス氏でした。彼は、マラリア原虫がハマダラカの口の中の唾液腺にいることを発見しました。蚊の唾液腺には、さまざまな効果をもつ物質が集まっています。

たとえば、血を固まりにくくする成分、血管を広げる成分、麻酔薬に似た成分などです。蚊が血を吸うときにはこれらの成分を人間に注入するので、人間に気づかれずに多くの血を吸うことができるのです。マラリア原虫は、この唾液腺にいることで、効率よく人間に感染することができます。

２人目は、１９０７年に受賞した、フランスの外科医であり病理学者であるシャルル・ルイ・アルフォンス・ラブラン氏です。彼は、マラリアがマラリア原虫の感染によっておこることを発見しています。

３人目は、１９２７年に受賞した、オーストリアの精神・神経科医のユリウス・ワーグナー・ヤウレッグ氏です。彼は、死んだマラリア寄生虫の接種によってマラリアを予防できるのではないかと研究に取り組みました。その後、この治療方法は、マラリアではなく、その当時流行っていた別の感染症に効果があることが実証されました。

４人目は、１９４８年に受賞した、スイスの化学者、パウル・ヘルマン・ミュラー氏でした。彼は、１９３９年に強力な殺虫効果をもつ「ディクロロ・ディフェニル・トリクロロエタン」という名前の物質の合成に成功しました。

この薬は、物質名の頭文字から、「ＤＤＴ」とよばれ、世界中で使われ、衛生状態の改善に貢献しました。戦後の日本でも、この薬は、シラミなどを退治するのに使われました。ＤＤＴは蚊の媒介するマラリアも防いだのですが、残留する毒性が問題となり、その後、使用禁止となりました。日本でも１９７１年に、販売が停止されました。

そして、５人目の受賞者が、２０１５年の中国の屠呦呦《トゥ・ユーユー》氏だったのです。

## １６００年前の書物がノーベル賞のヒントに！

彼女は、ある植物の薬効に気づき、その植物をマラリアの治療薬として確立しました。中国に伝わる伝統医学書や漢方薬事典などをかたっぱしから調べ、約１６００年前の古い書物に、「青蒿《せいこう》には、マラリアに対する治療効果がある」と書かれているのに目をつけました。

屠氏の率いる研究グループは、青蒿という植物の成分を取り出し、マラリアに感染したマウスに与えました。すると、マウスのからだの中のマラリア原虫の増殖が抑えられることがわかったのです。

この研究結果に自信をもった屠氏の率いる研究グループは、その後、さらに青蒿に関する古い書物を読み、青蒿を高温で加熱せずに、低い温度で、有効な成分を取り出す方法を開発しました。

このようにして取り出された成分だけを、マウスに与えると、ほぼ完全にマラリア原虫の増殖が抑えられたのです。そのため、この成分こそがマラリアの治療薬となったのです。それが、「アルテスネイト（アーテスネート）」です。

この薬の原料となる物質が「アルテミシニン」で、植物の学名「アルテミシア アヌア」にちなんでつけられた名前です。「アルテミシア」は、ヨモギ属であることを示す語で、ギリシャ神話の女神「アルテミス」に由来し、「アヌア」は1年生の植物であることを意味します。

青蒿の「蒿」は「よもぎ」のことで、青蒿は、日本名では「クソニンジン」という植物です。中国語では「黄花《おうか》蒿《こう》」とも書かれます。変わった名前なので「どんな植物なのか」と思われるかもしれませんが、和名の「クソニンジン」は、漢字では「糞人参」と書きます。

この字を見たら、葉っぱの形がニンジンの葉っぱに似ていると想像できます。では、どんな匂いがする植物かと思われるでしょうか。「糞」という字の通り、糞のような臭い匂

ニンジンの葉っぱによく似たクソニンジンの葉　写真提供：四季の山野草

いと感じる人が多いようです。

一方、この植物の英語名は「スイート・ワームウッド」です。「スイート」は「甘い」という意味ですから、欧米では、「臭い香り」ではなく「甘い香り」と感じられているようです。香りの感じ方というのは、人によりそんなに違うものかと思われますが、香りとはそういうものです。たとえば、タバコの香りを「嫌な香り」という人もいれば、「至福の香り」と表現する人もいます。

マラリア撲滅キャンペーンを行っている世界保健機関（ＷＨＯ）は、薬の原料として、この植物の栽培を奨励しています。ちなみに、ＷＨＯは、毎年４月25日を「世界マラリア・デー」として、マラリアの予防・診断・治療に実績のある機器の普及に努め、一層の投資の拡大を求めています。

## 今までの治療薬は？

18世紀には、マラリアの特効薬としてキニーネが発見されました。キニーネは、キナノキという植物の樹皮に含まれる成分です。「キナ」はインカ帝国の言語では、「熱を防ぐ皮」を意味するといわれます。

しかし、キニーネには、欠点がありました。効き目が長続きせず、副作用として神経に異常が出るのです。また、聴力や視力が落ちてくるという弊害がありました。そのため、１９４０年代にキニーネの構造をもとに、新たな薬が開発されました。

しかし、新しい薬が使われると、その薬に耐性をもつマラリア原虫が出現してきます。第2章で、肺炎球菌と抗生物質についても紹介しましたが、病原菌を退治する薬が使われると、それに打ち勝つ病原菌が生まれます。

そして、その病原菌を退治する薬がつくられると、また、それに打ち勝つ病原菌が生まれてきます。「いたちごっこ」というような安易な言葉で表現するのは気がひけますが、薬と病原菌との戦いはおさまることなく、そのように続くものなのです。

キニーネの構造をもとにして開発された新たな薬にも耐性をもつマラリア原虫が出現し

てからは、新しい薬も治療薬として用いられなくなりました。現在、マラリアの治療薬として使われているアーテスネートにも、この薬が効かないマラリア原虫がすでに出現しています。

そのため、アーテスネートをもとにして、似た効果をもつ薬がつくられています。これは、「アーテスネート誘導体」とよばれます。現在、マラリアにもっとも効果がある治療法は、アーテスネート誘導体を複数同時に使う治療方法です。

この先も人類の生み出した抗生物質や薬の効かない病原菌、ウイルスや寄生虫などが現れてきます。しかし、私たち人類は、植物がつくり出す物質の中からその病気を解決するヒントや成分を必ず見つけていくでしょう。

## (5)ヤナギが生んだお薬

### ヤナギのもつ成分とは?

昔から、身近な植物がつくり出す物質から、多くの薬がつくられています。その一つが、鎮痛・解熱剤として、世界的に利用されている「薬の王様」ともよばれるものです。このお薬は、「ヤナギ」の成分からつくられました。

日本では、古くから、ヤナギの木は、歯の間に詰まったものを取り除くための「ようじ」に使われました。「ようじ」は、漢字で「楊枝」と書きますが、「楊」は「ヤナギの木」を意味する字です。

ヤナギは、漢字では「柳」、または「楊」と書かれます。その使い分けは、厳密なものではありませんが、枝が垂れているヤナギには、「柳」という文字が使われ、垂れていないものは「楊」と書かれるといわれます。楊枝は、もともと、「ヤナギの枝」からつくられていたのです。

古くから、ヤナギの枝からつくられた「楊枝」を使うと、歯の痛みが楽になることが知られていたのです。ヤナギには、痛みを和らげる成分が含まれているからです。そのことを知ってか知らずか、仏教の開祖として知られるお釈迦《しゃか》様は「いつもヤナギの枝を咥えていた」といわれます。虫歯に悩まされていたのかもしれません。また、ヤナギの樹皮は、防腐剤としても使われてきました。

古代ギリシャでは、ヤナギの木は、痛みを和らげるために使われていました。特に、地中海沿岸地方に生えているセイヨウシロヤナギの木の皮を煎じた汁は、痛み止めとしてよく効くとされてきました。

ヤナギの属名は、ラテン語で「サリックス」です。サリックスとは、ケルト語の「sal（近い）」と「lis（水）」が語源とされます。ヤナギには、水辺に生育する種類が多いことにちなんでいます。

ヤナギに含まれる、痛み止めによく効く成分は、19世紀に、セイヨウシロヤナギの木の皮から取り出され、ヤナギの属名である「サリックス」にちなんで「サリシン」と名づけられています。「サリシン」は、抗菌・鎮痛の作用をもちます。

しかし、サリシンは副作用が強かったので、その構造を少し変えて、「サリチル酸」という物質がつくられました。この物質には、熱を下げる効果があることも発見されました。そのため、サリチル酸は、鎮痛・解熱剤として使われました。その後、長い間、食品の保存剤、防腐剤としても使われていました。

しかし、サリチル酸には、胃の粘膜にダメージを与えるという副作用があったのです。わが国では食品への使用は停止されました。今では、硬く厚くなった皮膚をやわらかくする作用を利用して、手のひらや足の裏にできるタコやウオノメを取り除くことなどに使われています。

これらの欠点を克服するために、１８９７年に、サリチル酸の構造を少し変えて、副作用を抑えた「アセチルサリチル酸」がつくられました。

アセチルサリチル酸は、サリチル酸の効果を保ったまま副作用も軽減されたことから、解熱剤また鎮痛薬として世界中で使われるようになりました。それが、「アスピリン」という薬品です。

この薬は、発売されて以来、世界中で利用され、「世界中でもっとも多く使用された薬」とされて、「薬の王様」といわれます。植物のもつ有毒な物質を利用した「毒変じて薬となる」の代表的な例となっています。

## 「薬の王様」の効き目とは？

アセチルサリチル酸を主成分とするアスピリンは、１８９９年に発売がはじまりました。それ以降、この薬は常に「薬の売り上げランキング」のトップの座を守り続けてきました。これまででもっとも売れた薬として、ギネス記録にもなっています。

「アセチルサリチル酸は、どうして熱を下げたり、痛みを和らげたりできるのか」という疑問が浮かびます。アセチルサリチル酸は、「ある成分」が体内でできないようにしているのです。

ある成分とは「プロスタグランジン」とよばれる物質です。プロスタグランジンは、発熱や痛みを生み出すもとになる物質です。アセチルサリチル酸は、これをつくり出さないようにしているのです。

近年、少し消費は減っていますが、アスピリンは古くから使われており、副作用が少なく、価格が安いという利点があることから、多く服用されています。特に、アメリカ国民はアスピリンが好きなようです。

アスピリンの全売り上げのうち約30パーセントはアメリカで消費されています。アメリカだけで、１年間に、約３２０億錠が服用されているのです。アメリカの人口は、２０１８年の発表では、約３億３０００万人ですから、国民１人当たり、１年間におよそ１００錠も飲んでいることになります。

このように多くの人がアスピリンを服用していることで、新たなことがわかってきました。**アスピリンを鎮痛薬として継続的に飲んでいる人は、脳梗塞や心筋梗塞の発症率が低い**ということです。

約20万人を対象とした調査では、アスピリンを継続的に飲んでいるグループで脳梗塞の発症率が22パーセント低くなることがわかりました。また、心筋梗塞の発症率が25パーセント低くなることが示されました。

脳梗塞、あるいは、心筋梗塞は、血液が固まって血管が詰まるため発症します。ところが、アスピリンを飲んでいると、これらの疾患を予防できるということです。となると、「どうして、アスピリンは血を固まりにくくするのか」という疑問が浮かびます。

血が固まるときには、プロスタグランジンが働いています。これは、アセチルサリチル酸が発生を抑えていると紹介した、発熱や痛みを生み出すもとになる物質です。この物質には、血を固める働きもあったのです。

アスピリンは、プロスタグランジンができないようにして、血を固まりにくくしているのです。アスピリンは、発熱や痛みを鎮めるだけでなく、血をサラサラにするという効果もあるのです。

## （6）ニンニクから生まれたお薬とは？

### ガンを予防する食材ピラミッドの頂点は？

１９９０年にアメリカの国立ガン研究所を中心に、「デザイナーフーズ計画」、すなわち、植物がつくり出す成分によるガンを予防する研究が開始されました。その折、ガン予防に効果があると考えられる約40種類の野菜を中心とした食材を、効果が期待できる順にピラミッド型に並べた、「デザイナーフーズ・ピラミッド」が提示されました。

もっとも効果が高いとして、その頂点に位置したのが、ニンニクでした。しかし、ニンニクがこの高い地位の役割を果たすには、生のままではできません。

ニンニクには独特の香りがあります。その香りがあってこそ、私たちは香辛料としてニンニクを口にし、その香りがまた、健康にも貢献するのです。

刻む前の丸ごとのニンニクを嗅いでも、あまり臭くありません。ニンニクを刻んだり、すりおろしたりすると独特なニンニク臭が出てきます。「なぜ、刻んだり、つぶしたりすると、その香りは出るのか」との疑問が浮かびます。

郵 便 は が き

料金受取人払郵便

代々木局承認

6948

差出有効期間
2020年11月9日
まで

1 5 1 8 7 9 0

203

東京都渋谷区千駄ヶ谷 4 - 9 - 7

（株）幻 冬 舎

書籍編集部宛

1518790203

| | |
|---|---|
| ご住所 〒<br>都・道<br>府・県 | フリガナ<br>お名前 |
| メール | |

インターネットでも回答を受け付けております
http://www.gentosha.co.jp/e/

裏面のご感想を広告等、書籍の PR に使わせていただく場合がございます。

幻冬舎より、著者に関する新しいお知らせ・小社および関連会社、広告主からのご案内を送付することがあります。不要の場合は右の欄にレ印をご記入ください。

不要 □

本書をお買い上げいただき、誠にありがとうございました。
質問にお答えいただけたら幸いです。

◎ご購入いただいた本のタイトルをご記入ください。

『　　　　　　　　　　　　　　　　　　　　　　』

★著者へのメッセージ、または本書のご感想をお書きください。

●本書をお求めになった動機は？

①著者が好きだから　②タイトルにひかれて　③テーマにひかれて
④カバーにひかれて　⑤帯のコピーにひかれて　⑥新聞で見て
⑦インターネットで知って　⑧売れてるから／話題だから
⑨役に立ちそうだから

| 生年月日 | 西暦　　年　　月　　日（　　歳） | | 男・女 |
|---|---|---|---|
| ご職業 | ①学生 | ②教員・研究職 | ③公務員 |
| | ④農林漁業 | ⑤専門・技術職 | ⑥自由業 |
| | ⑦自営業 | ⑧会社役員 | ⑨会社員 |
| | ⑩専業主夫・主婦 | ⑪パート・アルバイト | ⑫無職 |
| | ⑬その他（　　　　） | | |

このハガキは差出有効期間を過ぎても料金受取人払でお送りいただけます。

ご記入いただきました個人情報については、許可なく他の目的で使用することはありません。ご協力ありがとうございました。

ニンニクには、匂いになる前の「アリイン」という物質が含まれていますが、このアリインだけでは匂いはしません。

アリインと反応して、匂いのもとであるアリシンをつくり出す、アリナーゼという物質が、ニンニクの中には存在しています。丸ごとのニンニクの中では、この二つの物質は、接触しないようになっています。

ところが、切り刻んだり、すりつぶしたりすると、二つの物質が接触し、アリインにアリナーゼが働いて、アリシンができるのです。

ニンニクは、辛みと香りがあるので、仏門の世界では、かつて、食べることを禁じられていた時代がありました。その当時、ニンニクは、ニラ、ネギ、タマネギ、ラッキョウとともに、「五辛《ごしん》」、あるいは、「五葷《ごくん》」といわれ、食べることを禁じられていた五つの野菜に入っていたのです。五辛には、タマネギに代えて、ショウガやサンショウなどが入ることがありますが、通常は、タマネギが入ります。

現在でも、この匂いは嫌がられます。アリシンがつくられると、その匂いが口臭や体臭の原因となります。そのため、ニンニクが大好きな人でも、翌日に仕事で人に会わねばならない予定があるときには控えることが多いのです。その結果、ニンニクは翌日に仕事のない週末に食べる人が多くなるので、ニラと並んで、「ウィークエンド・ベジタブル」とよばれています。

匂いが嫌がられますが、滋養強壮、疲労回復の効果をもたらすのが、このアリシンなのです。アリシンは、強い抗菌効果があり、疲労感をもたらす乳酸の分解を速めるので、滋養強壮、疲労回復の効果をもたらします。さらに、ビタミン$B_1$とくっつき、ビタミン$B_1$の吸収を促進することで、滋養強壮、疲労回復の効果はさらに高まります。その理由は、ビタミン$B_1$の働きによります。

コメやコムギなどに多く含まれるデンプンは、消化されて、ブドウ糖という物質に変化します。これが、私たちの命を保ち、成長のエネルギーとなる物質です。英語名は、グルコースです。ビタミン$B_1$は、ブドウ糖からエネルギーが発生する過程に働き、エネルギーの発生を促進するのです。

ということは、主食として食べたデンプンからエネルギーを取り出すときに必須な物質が、ビタミン$B_1$ということです。ですから、ビタミン$B_1$が不足すると、からだのエネルギーが不足し、元気がなくなります。逆に、ビタミン$B_1$の吸収を促せば、疲れたからだが元気になるということです。

ニンニクがスタミナ食として食べられるのは、これが主な理由です。スタミナ料理には、ニンニクとともに、ビタミン$B_1$が豊富に含まれている豚や牛、鶏の肉やレバーが使われます。お互いが働きを高めて、疲労の回復に役立つからです。

ひと昔前、ニンニクからしぼり出した汁とビタミン$B_1$とを反応させると、ビタミン$B_1$が消えてしまうという、不思議な現象が見つかりました。そのため、「ニンニクには、ビタミン$B_1$を分解してしまう性質があるのではないか」と考えられました。

ところが、実際には、ニンニクの成分であるアリシンがビタミン$B_1$と結びついて、別の物質に変化していることがわかりました。だから、ビタミン$B_1$は、見かけ上、姿を消しただけなのです。

ビタミン$B_1$は、別名で「チアミン」とよばれます。そのため、アリシンとチアミンの結合した物質は「アリ」と「チアミン」をくっつけて、「アリチアミン」と名づけられました。ビタミン$B_1$は、「アリチアミン」になって、もとの姿を消すことがわかったのです。

アリチアミンは、からだによく吸収され、からだの中でビタミン$B_1$の働きをする物質です。また、アリチアミンは肝臓に貯蔵されるため、ビタミン$B_1$が不足する場合には、ビタミン$B_1$として働きます。

アリチアミンを錠剤やサプリとして摂取すれば、ビタミン$B_1$の不足は補われるはずです。しかし、この物質には、ニンニクの匂いのもとであるアリシンが含まれていますから、匂いが強くて飲みづらいので、多くの人に好まれませんでした。

ヨーロッパでは、古くから、ニンニクの匂いを消すのに、コーヒーを使っていました。そこで、この問題を解決するために、それにヒントを得て、コーヒーの香り成分を利用して改良され、ニンニクの匂いを消した「フルスルチアミン」が完成しました。これらは、主に日本で行われた研究成果です。

フルスルチアミンは、栄養ドリンク剤やビタミン剤などとして広く出回ることになりました。その一つである「アリナミン」という商品は、武田薬品工業株式会社の系列会社から錠剤や栄養ドリンクとして発売され、よく知られています。

# 第4章　上手に摂ると役に立ってくれる植物たち

植物たちは、多種多様な物質をつくります。第1章では、人間に有毒な物質、第2章では、虫や病原菌に有毒な物質、第3章では、薬として役立つ有毒な物質を、それらをつくり出す植物とともに紹介してきました。

一方、植物たちがつくる物質の中には、有毒ではないものがあります。たとえば、今まで、その働きがあまり注目されてこなかった物質や、私たちの健康に役立つことが知られてきた物質、また、今後その活躍が注目されるものなどです。

本章では、それらのいくつかについて紹介します。

## (1) 100歳長寿を支えるヘマトコッカス

### 100歳以上の人が食べていたものとは？

毎年、国民の祝日に定められている9月の第3月曜日の「敬老の日」が近づいてくると、100歳以上の人の数が話題になります。2019年には、全国の100歳を越えた人数が7万1238人と、厚生労働省から発表されました。

そして、「１００歳を生きるための秘訣《ひけつ》は、何だろう」と興味がもたれます。その中でも、１００歳を越える人は、どのようなものを食べているのかについて、アンケート調査などが行われ、その結果が発表されることがあります。

よく食べられているものの中には、豚肉や鶏肉、豆腐やキャベツなど、健康に良いといわれているものが並びます。その中に、特に気になるものがあります。それは、「サケ」と書かれています。

昔から、「お酒は、百薬の長」などといわれていますから、１００歳を越える人が飲んでいても納得できます。と同時に、お酒の好きな人たちの中には、「日本酒やビール、ワインなどを飲む大義名分ができた」と、心の中でほくそえむ人がいるかもしれません。

しかし、残念ながら、アンケート調査に出てくる「サケ」は、酒の「サケ」ではなく、魚の「サケ（鮭）」なのです。「なぜ、『魚』とか、『刺身』とかではなく、『鮭』という魚の一種の名前があがってくるのか」と不思議に思う人も多いはずです。

多くの種類の魚の中から長寿の人が食べている魚として、サケの名前があがってくる理由はわかるような気がします。それは、本来は、白身魚であるサケが身につけている「アスタキサンチン」とよばれる色素のためです。

赤身魚といわれるカツオやマグロの赤身のもとは、主にミオグロビンという赤色のタンパク質です。ミオグロビンは、人間の血液中に多くあるヘモグロビンという赤色のタンパク質と同じようなものです。そのため、カツオやマグロの身は赤いのです。

ところが、サケの身の色は、カツオやマグロの身のように濃い赤色ではなく、薄い紅色です。この色が、アスタキサンチンという色素の色です。また、これは、エビやカニの甲羅の色でもあります。ですから、この色は、サケだけのものではないのですが、サケの英語名である「サーモン」をつけて、サーモンピンクといわれます。

サーモンピンクといえば、「ふつうのピンク色に少しくすんだ感じが加わった色」と表現されます。といっても、生身のサーモンの色か、焼いた切り身の色かで、微妙な色の違いがあります。日本工業規格（ＪＩＳ）の色彩規格では、「やわらかい黄みの赤」とされています。

サケのからだにはピンク色がありますが、本来は、サケは白身魚なのです。「なぜ、白身魚といわれるのか」との疑問があるかもしれません。でも、実際に、サケは白身魚なのです。この話は、一見、植物と関係なさそうで、「サケの身の色と植物に、どんな関係があるのか」と思われるかもしれません。**実は、サケのサーモンピンクは、植物由来の色素**

**の色なのです。**

サケの身が薄い紅色をしているのは、主にオキアミという、海に浮遊している小さな動物性の生き物を食べるからです。オキアミは動物性の生き物ですから、サケの身の色であるアスタキサンチンと植物とは、まだ結びつきません。

オキアミは、植物の一種である緑藻類のヘマトコッカスなどを食べて生きています。近年、分類学では、「藻類は、植物ではない」とされることがありますが、「光合成をして、自分で栄養をつくり出して生きているものが植物である」という従来の考え方によると、緑藻類は植物と考えて差し支えはありません。

ヘマトコッカスは、海の中にいる緑藻類で、本来、緑色です。でも、栄養の不足や渇水、あるいは、強い光や高温などのストレスに出会ったときに、アスタキサンチンをつくって真っ赤になります。

**アスタキサンチンは、ヘマトコッカスがストレスに抗ってからだを守るためにつくり出す物質なのです。**サケの身の薄い紅色は、ヘマトコッカスがつくるアスタキサンチンが、オキアミを介して伝わってきたものなのです。

サケは、からだにもっているアスタキサンチンを次の世代に生きる子ども（卵）に託します。それがイクラです。イクラというのは変わった名前ですが、ロシア語で「魚の卵」という意味です。サケの卵であるイクラには、アスタキサンチンが詰まって色がついているのです。

サケは、次の世代を卵に託して、「いろいろなストレスに負けずに生き抜いてほしい」との願いを込めて、多くのアスタキサンチンを卵に与えているのです。そのため、サケ自身は、卵を産んだあと、白身に戻って死んでいきます。

## ヘマトコッカスがつくるアスタキサンチンのパワー

私たち人間では、紫外線がからだに当たると、「活性酸素」という物質が発生します。この物質は、紫外線だけでなく、呼吸をすることによっても発生します。また、いろいろなストレスによっても発生することが知られています。

からだの中で発生した活性酸素は、私たち人間のからだの老化を速め、多くの病気のきっかけとなることが知られています。シミやシワ、白内障の原因になったり、生活習慣病といわれる三大死因の「ガン（腫瘍）、心疾患、脳血管疾患」のきっかけになったりするといわれています。

そのため、活性酸素の害を消去する物質が必要で、それが「抗酸化物質」といわれるものです。また、活性酸素は、植物たちにも、きわめて有害なものです。ですから、植物たちは、自然の中で、活性酸素を発生させる紫外線の害を逃れるための対策をしています。自分たちのからだを守るだけでなく、花の中で生まれ育つタネも守っています。

植物たちは、活性酸素を消し去る働きをする抗酸化物質をからだの中につくります。抗酸化物質の代表は、ビタミンCとビタミンE、ポリフェノールやカロテノイドなどです。私たち人間も、植物たちがつくる抗酸化物質を利用し、健康を守っています。それらの抗酸化物質の一つが、カロテノイドの一種であるアスタキサンチンなのです。

**アスタキサンチンの抗酸化の力は、ビタミンEの数百倍といわれます。**そのため、ストレスに対する強い抵抗性を発揮します。ですから、サケは自分の命を託す卵に、環境ストレスに打ち勝って生きていくようにとの思いを込めて、アスタキサンチンを伝えているのです。

この物質は、フラミンゴの羽の色でもあります。フラミンゴの生まれたばかりの雛鳥《ひなどり》はまだエビやカニを食べていないので、羽の色は白色です。フラミンゴの羽の薄い紅色は、サケと同じく、ヘマトコッカスがつくるアスタキサンチンが、エビやカニを介して伝わってきたものなのです。

アスタキサンチンは、抗酸化物質ですから、私たちの健康に貢献します。アスタキサンチンの抗酸化作用は、人の皮膚でも効果が確認されています。富士フイルム株式会社が、２０１８年に、『Nutritions（栄養）』という国際雑誌に発表した内容を紹介します。

成人22人を対象にして６段階に強さを変えた紫外線を照射します。この紫外線の量は茨城県つくば市で日常的に浴びている紫外線の量に基づいて決められました。照射したあとに、対象者の肌の赤みの変化が計測されました。

紫外線の肌への影響は人によって違うため、紫外線の影響が似ている人たちがバランスよく二つのグループに分けられました。そして、一つのグループには、アスタキサンチンを食用油に溶かした錠剤を毎日摂取してもらいました。食用油に溶かすのは、アスタキサンチンは、水にはほとんど溶けず、食用油にはよく溶け、からだにもよく吸収されるからです。

もう一方のグループには、アスタキサンチンを含んでいない食用油の錠剤を毎日摂取してもらいました。摂取をはじめてから８週間後に、肌の赤みの変化で、その効果を比較しました。

その結果、アスタキサンチンを含むカプセルを飲んでいたグループでは、より強い紫外線を照射しないと肌が赤くならないことがわかりました。つまり、**アスタキサンチンを摂取していると、紫外線による日焼けがおこりにくくなった**ということです。

また、アスタキサンチンを飲んでいたグループでは、アスタキサンチンを飲んでいないグループと比べて、紫外線を照射した部位で肌の水分量が保たれていることがわかりました。つまり、**アスタキサンチンの効果により、肌が潤いを保つようになった**ということです。

## (2)長寿にもダイエットにも良いコーヒー

### 1日に何杯のコーヒーが健康に良いのか?

１００歳を越えて生きている長寿の人の飲みものとして、緑茶、牛乳、豆乳などと並んで、コーヒーがあげられます。コーヒーに使われる豆は、アカネ科で、エチオピアやモザンビークを原産地とするコーヒーの木の果実です。

アカネ科というと、なじみが薄いかもしれませんが、「旅路のはてまで、ついてくる」

と歌われる香りを漂わせるクチナシがその仲間です。そのため、コーヒーとクチナシの葉っぱは印象が似ています。

多くの人が、コーヒーを好んで飲みます。その理由は、人によっていろいろですが、眠くなってきたときに「眠気がとれる」とか「眠気が覚める」といわれます。また、「疲労感が消える」「気分が爽快になる」「元気が湧いてくる」などといわれます。コーヒーを飲んでいると、「空腹感がなくなる」とか「満腹感が得られる」といわれることもあります。そのため、ダイエットにも効果があるとされます。

だから、多くの人が、コーヒーをついつい飲んでしまいます。でも同時に、多く飲む人は、「飲み過ぎていないか」とか「１日に何杯までなら飲んでもいいのか」と心配になることもあります。また、「コーヒーは、健康にいい」と聞いて飲んでいる人には、「１日に何杯ぐらいが健康にいいのか」という疑問がもたれることがあります。

これらの心配や疑問に対する答えとなるヒントは、国立がん研究センターが行った研究の結果に示されています。１９９０年と１９９３年に、日本全国の11地域の健常な40〜69歳の男女を選び、約９万人を対象にして、約20年間にわたって追跡して調べられたものです。

全国の11地域とは、岩手県二戸、秋田県横手、長野県佐久、沖縄県中部、東京都葛飾区、茨城県水戸、新潟県長岡、高知県中央東、長崎県上五島、沖縄県宮古、大阪府吹田の11保健所管内です。

「なぜ、このようにバラバラの地域で、調査を行うのか」との疑問があるかもしれません。でも、これは、地域独特の気候や食生活などの影響が調査結果に反映しないように配慮され、対象者の住む地域を分散しているのです。

調査対象の人にアンケートを行い、コーヒーを1日に、どのくらい飲むかによって、五つのグループに分けました。「ほとんどコーヒーを飲まない」「1日に1杯未満」「毎日1～2杯」「毎日3～4杯」「毎日5杯以上飲む」というグループでした。

約20年間に、対象者のうち1万2847人の方が亡くなりました。その割合を見ると、「ほとんどコーヒーを飲まない」というグループがもっとも多く、コーヒーを多く飲むほど死亡する割合は減少しました。コーヒーは飲まないよりは飲んだ方が、死亡リスクが下がるということです。

「何杯飲めばいいのか」という疑問については、「もっとも死亡リスクが低くなるのは、『毎日3～4杯』のグループでした」というのが答えになります。しかし、「毎日5杯以上ます。

飲む」というグループになると、死亡リスクは「毎日1〜2杯」のグループと同じになります。

この結果からは、1日3〜4杯が適切で、それ以上は飲み過ぎになるということになります。もちろん、最適な摂取量は個人によって違うでしょうが、ここで紹介している約9万人の結果からはそのようになります。

コーヒーには、ポリフェノールという物質が多く含まれています。この物質は、赤ワインに多く含まれており、心臓病などを防ぐといわれてよく知られています。同じ量の赤ワインとコーヒーには、この物質は、ほぼ同じ量が含まれています。

赤ワインに含まれるポリフェノールは、アントシアニンやカテキン、タンニン、レスベラトロールなどがよく知られていますが、コーヒーに含まれるポリフェノールはクロロゲン酸です。この物質は、「血液をサラサラにする効果をもつので、血管が詰まりにくくなり、脳梗塞や心筋梗塞などを防ぐ」といわれます。

ちなみに、コーヒーと同じように、毎日、習慣的に飲まれる飲みものに、緑茶があります。緑茶には、主にカテキン、タンニンというポリフェノールが含まれています。国立がん研究センターの研究では、「コーヒーを1日に何杯飲めばいいか」とともに、「緑茶なら、

1日に何杯飲めばいいか」が調べられています。

同じように、五つのグループに分けて調べられたのですが、緑茶でも、「ほとんど緑茶を飲まない」というグループに比べて、多く飲むグループの方が死亡リスクは減りました。ただ、コーヒーの場合、「1日3〜4杯」のグループがもっとも死亡リスクが低かったのですが、緑茶の場合は、「1日に5杯以上」のグループが、もっとも低い死亡リスクになりました。

この研究結果からは、「**コーヒーなら、1日3〜4杯がいいし、緑茶なら、1日に5杯以上を飲んでもいい**」ということになります。1日に5杯以上のどこまでならいいのかについては、答えが出されていません。自己責任ということでしょう。

## どのように、コーヒーはからだに良いのか?

コーヒーには、クロロゲン酸などのポリフェノールとともに、カフェインが含まれており、コーヒーのもたらす即効的な効果は、主に、カフェインによるものとされます。「なぜ、カフェインによって、これらの効果が現れるのか」との疑問が浮かびます。個人差はありますが、カフェインのからだへの影響では、誰にでも当てはまりそうなことが三つあります。

一つ目は、「眠気がとれる」とか「眠気が覚める」と表現される、「目を覚ます」という覚醒作用です。朝、1杯のコーヒーを飲むと、「目が覚めた気がする」という人が多くいます。また、眠いときにはコーヒーを飲むと、「頭がすっきりと冴える」と思う人も多くいます。

そのため、夜遅くまで、眠気を抑えて、勉強や仕事をしなければならないときや、車の運転でどうしても眠ってはいけないときは、カフェインの力を借りることがあるのです。この作用には、主に「アデノシン」という物質が関与しています。

アデノシンは、眠りを誘導する物質の代表です。私たちが活動をしていると、この物質が脳にたまってきます。すると、眠気が催されます。それに対し、カフェインは、このアデノシンの働きを妨げるのです。そのため、目が冴え眠気もなくなるのです。

二つ目の効果は、コーヒーを飲むと感じる「疲労感が消える」「気分が爽快になる」「元気が湧いてくる」などです。この作用は、コーヒーを飲むことにより、交感神経が緊張した状態を生み出すことによります。

緊張状態とは、ストレスがかかった状態であり、ストレスホルモンとよばれるコルチゾールが増加します。コルチゾールには、血糖値を上昇させる作用があり、緊張したストレス状態で、血圧が上昇します。

つまり、コーヒーを飲むと、大げさにたとえれば、からだは戦闘に臨む態勢となり、元気が湧いてくるのです。個人差はありますが、「元気が湧いてくる」と感じ、疲労感が消え、気分が爽快になることになります。

三つ目は、コーヒーを飲んでいると、「空腹感がなくなる」とか「満腹感が得られる」といわれる作用です。これは、**カフェインが脂肪の燃焼を盛んにする作用**によります。カフェインは、褐色脂肪細胞を活発に働かせます。

褐色脂肪細胞とは、からだの中にある、運動をしなくても脂肪を燃やして熱を発生させる作用をもつものです。そのため、「運動しなくても、痩せるための細胞」とよばれることもあります。この細胞が活発に働くと、エネルギーが発生するので、空腹感は消えるのです。

この褐色脂肪細胞を活発に働かせる物質として、カラシの辛み成分であるアリルイソチオシアネート、トウガラシの辛み成分であるカプサイシン、トウガラシの非辛み成分であるカプシエイト、ショウガのパラドール、グレープフルーツの香気成分であるリモネンなどがわかっていますが、その一つとして、コーヒーのカフェインが知られているのです。

「空腹感がなくなる」あるいは「満腹感が得られる」と感じるもう一つの理由は、コーヒーを飲むことにより、交感神経が緊張状態を生み出し、食欲が抑制されることです。この効果には、カフェイン以外の成分が関与していることが、実験で確認されています。

カフェインを含んだふつうのコーヒーと、カフェインの入っていないカフェインレスのコーヒーを飲んでもらったところ、どちらでも交感神経が興奮することがわかったのです。ですから、「満腹感」は、カフェイン以外のコーヒーの香りの成分や、苦味の成分がもたらすものと考えられます。

## カフェインの過剰摂取には、注意！

カフェインは、適度なら頭がよく働くようになったり、眠気を覚ましてくれたりするなどといわれます。でも、過剰に摂取すれば、毒となります。過剰摂取は、死を招くこともあります。

２０１７年、日本中毒学会は、それまでの5年間にカフェインの摂り過ぎで、１０１人が救急搬送され、３人が亡くなったと報告しています。新聞紙上でも、２０１５年12月に、

「九州で20代男性が、カフェイン入りのドリンクを飲んだあとに嘔吐し、気を失い死亡した」と報道されています。この男性は、毎日、夜から明け方までの勤務をこなすために、眠気覚ましにカフェインが含まれるエナジードリンクを飲んでいたということです。

また、２０１６年に、岐阜県で30代の男性が空き地で亡くなっており、解剖したところ、胃から大量のカフェイン入り錠剤が出てきたということです。どちらのケースも、死因は急性カフェイン中毒と考えられます。

前項、前々項で、コーヒーは、適度に飲むと、からだに良いし、死亡リスクも減らすことを紹介してきました。その主な成分の一つが、カフェインです。だから、カフェインは、適度な量を摂取すれば、私たちが毎日を健康に過ごすことに貢献してくれるはずです。

でも、カフェインに限らず、「適度な量」はむずかしいのです。適度な量の目安の一つは、世間一般で、すでに飲んだり食べたりしている量であり、昔から、この程度ならと多くの人が摂取している量になるでしょう。

国の公的な機関が、「このくらいなら適度な量です」と提示してくれているものもあります。公的な機関とは、内閣府食品安全委員会や消費者庁、厚生労働省や農林水産省などです。

カフェインに関しては、日本では摂取の制限が設けられていません。しかし、厚生労働省や農林水産省からは、過剰摂取に対する注意が出ています。たとえば、「カフェインを過剰に摂取した場合には、中枢神経系の刺激によるめまい、心拍数の増加、興奮、不安、震え、不眠、下痢、吐き気等の健康被害をもたらすことがあります」と、農林水産省のホームページに書かれています。

また、日本以外を見ると、世界保健機関（ＷＨＯ）は、２００1年に、「カフェインの胎児への影響はまだ確定はしていない」としています。それでも、お茶、ココア、コーラなどの飲料はほぼ同じ程度のカフェインを含んでおり、また、コーヒーはその約2倍のカフェインを含んでいることから、妊婦に対し、コーヒーを1日3〜4杯までにすることをよびかけています。

英国食品基準庁（ＦＳＡ）では、２００8年に、妊婦がカフェインを摂り過ぎることにより、出生児が低体重となり、将来の健康リスクが高くなる可能性があるとしています。そのため、妊娠した女性に対して、1日当たりのカフェイン摂取量を、ＷＨＯよりも厳しい「コーヒーをマグカップで2杯程度」に制限するよう求めています。

アメリカ食品医薬品局（ＦＤＡ）のホームページには、「一般的に1日当たりのコーヒーを４００ミリグラムまで」としており、おおよそカップで4～5杯程度としています。しかし、人によって差が大きいため様子を見ながら飲むことを推奨しています。また、「妊娠中の人や妊娠をしようとしている人、または母乳をあげている人などは、医療関係者と相談の上コーヒーの量を決めてほしい」と書かれています。

## (3)グレープフルーツ・じゃばら・チャ

### 心臓を守るグレープフルーツ

グレープフルーツは、アメリカのスーパーマーケットなどでは、表面にハートのマークがつけられて売られていました。

このハートのシールは、グレープフルーツが心臓を守る食材であることを示すものでした。アメリカの心臓病関連の啓発活動を行う団体である「アメリカン・ハート・アソシエーション」が、心臓を守る食材として認定していたのです。

グレープフルーツに多く含まれているビタミンCやカリウムは、心臓や筋肉の細胞の働きに必須のビタミンやミネラルです。また、グレープフルーツ特有の苦味は、主に「ナリンギン」とよばれる成分でできています。

ナリンギンには、血管内の脂肪の沈着を抑える効果があります。脂肪を多く摂取していると、血管内に脂肪がたまり、ひどい場合には、細い血管が詰まってきます。その結果、血液を押し流す血圧は高くなります。グレープフルーツのナリンギンには、これらを防ぐ効果があるのです。

ナリンギンを摂取したマウスでは、血液中の脂肪が減ることが、２０１２年、中国の武漢大学人民医院の心臓科から報告されています。その実験では、ネズミに、高脂肪食が与えられました。

すると、私たち人間が高脂肪の食事を食べ続けたときと同じように、ネズミは太りはじめ、体重は増加しました。25グラム程度だった体重は、20週後には、約40グラムにまで増えました。

一方、ナリンギンを同時に摂取していたネズミでは、25グラムの体重は、30グラム程度で落ち着きました。同じ食事を食べていてもナリンギンが脂肪の蓄積を抑える効果があるということです。

グレープフルーツには、皮の内側の部分や袋の部分などにある白い部分に、「ペクチン」とよばれる食物繊維が多く含まれています。食物繊維なので胃では消化されにくく、腸にまで到達します。

食物繊維は不要なごみや老廃物などを絡め取り、腸をきれいにする働きがあるといわれてきました。そのため、整腸作用があり、便秘の予防になります。

## 香りで痩せる！

グレープフルーツには、苦み成分と食物繊維以外にも、特有の香りがあります。リモネンやアルファ・ピネンとよばれる成分ですが、リモネンには、リラックス効果や食欲を抑える効果があります。そのため、グレープフルーツの香りを嗅ぐだけで、ダイエット効果が生まれるといわれます。

２００５年、大阪大学と新潟大学との共同研究で、ラットを使って行われた実験を紹介します。グレープフルーツの香り成分を嗅がせて、餌の摂取量を見たところ、１週目には変化はありませんでした。

２週目になると、グレープフルーツの香りを嗅がせないラットは、１日に、約26グラムの餌を食べていました。一方、グレープフルーツの香りを嗅いだラットは、１日に、約25

グラムを食べていました。

その後、3週、4週、5週と、いずれもグレープフルーツの香りを嗅いだラットで、少しずつ摂取量が少なくなりました。最終的に、6週目になると、香りを嗅がせないラットは、24〜25グラムの餌を食べているのに対し、グレープフルーツの香りを嗅いだラットは、22〜23グラムと少ない摂取量でした。

体重では、3週目ごろから違いが出はじめました。6週間後には、グレープフルーツの匂いを嗅いだラットでは、約10パーセント体重が少なくなっていました。これは餌の摂取量が少なくなったために体重の増加が抑えられたと考えられます。

この研究では、さらに神経の活動を測定しています。グレープフルーツの香りを嗅がせると交感神経の活動が高まることを示しています。つまり、**グレープフルーツの香りで脂肪の燃焼が増える**のです。

これらの効果は、香りの成分であるリモネンが脂肪を燃焼させる働きのある「褐色脂肪細胞」を活性化させた結果と考えられます。褐色脂肪細胞とは、コーヒーの「どのように、コーヒーはからだに良いのか？」の項で紹介した、運動をしなくても脂肪を燃やして熱を発生させる作用をもつ細胞です。

そのため、「痩せる細胞」とよばれることもあります。この褐色脂肪細胞を活発に働かせる食材を食べていれば、運動をしなくても肥満にならないということになります。そのような食材と、その成分はいろいろとわかっています。

その一つが、コーヒーに含まれるカフェインでしたが、グレープフルーツの香気成分であるリモネンも、その一つなのです。そのため、グレープフルーツの香りを嗅ぐと、褐色脂肪細胞が活性化され、脂肪の燃焼が盛んになる結果、痩せるということになります。

## 花粉症を和らげる成分とは？

２０１９年８月23日、健康保険組合連合会（健保連）は、「病院にかからなくても薬局で購入できる市販薬については、保険適用から外すべきだ」と提案しました。薬剤費にかかる医療費の高騰を抑制するためです。

保険適用から除外されるものとしてあげられたのは、花粉症の薬、湿布薬、ビタミン剤、漢方薬などでした。これらは、医療の必要性が低いものとされました。たとえば、花粉症の薬では、病院で処方されるのと同じ薬が市販薬として広まっているので、これに代替することが可能というのです。

ところが、この提案通りだと、現在、医療費の負担率が1割の高齢者にとっては、薬代が10倍になるのですから、大変です。花粉症の人々にとっても、かなりの負担になります。たとえば、3割負担で６００円を払っていた場合には、この制度が導入されると２０００円払う必要が出てきます。現在より、約3倍も多く払う必要があるのです。

お薬に頼らずに、毎日食べる食材となる植物たちの中に、花粉症の症状を和らげる物質をもつものはないのでしょうか。もしあったとしたら、どんなに多くの人が助かるでしょう。長い間、私はひどい花粉症に悩まされており、花粉症に良いといわれるいろいろなものを試してきました。ですから、そのような特効薬のような物質がないことはすでによく知っています。

でも、藁《わら》にもすがる思いで、そのようなものに思いをめぐらせてみると、植物に由来する二つの物質が浮かんできます。すべての人に、その効果があるとは思えませんが、効果があるといわれている二つの物質について紹介します。

一つは、柑橘類の果実に含まれることが知られている「ナリルチン」という物質です。この物質は、イヨカンやグレープフルーツ、スダチや温州ミカン、ユズやカボスなどに含まれることが知られていました。

じゃばら　写真提供：日本じゃばら普及協会

ところが、近年、ナリルチンを多く含む果実として、「じゃばら」という柑橘類が知られるようになっています。これは、ナリルチンを多く含むといわれるイヨカンに比べて、４倍以上も多いといわれます。

じゃばらとは、和歌山県でしか産出されない柑橘系の果樹です。１９７０年代に、和歌山県東牟《む》婁《ろ》郡北山村に自生しているのが発見されました。「邪気を払う」という願いを込めて、「邪払（じゃばら）」と名づけられたといわれます。１９７９年に品種登録され、北山村が産地化に向けて取り組んできています。

じゃばらの果実は熟すと黄色くなりますが、育つ時期によって含まれるナリルチンの量は変化し、熟す前の時期にもっとも多く含まれます。また、じゃばらの果実では、果汁よりも皮の部分に、10倍以上も多くのナリルチンが含まれていることが知られています。

「花粉症の症状を和らげるために、じゃばらの効能を生かしてほしい」との思いから日本じゃばら普及協会が発足して、最近メディアでもよく紹介されています。「じゃばらの果実の皮の部分を摂取すると、花粉症の症状は良くなるのか」との疑問に答える研究成果が、日本じゃばら普及協会から発表されています。

花粉症に悩む143人が、ナリルチンを含むじゃばらの果実の皮部分の粉末360ミリグラムを15日間服用しました。その結果、70パーセント近い人たちが、「花粉症の症状が改善した」と答えました。じゃばらは、花粉症の原因物質であるヒスタミンの放出を抑えると考えられます。これにより、花粉症の症状が緩和したと思われます。

また、岐阜大学医学部附属病院では、花粉症を発症している15人の患者さんに、じゃばらの果汁を飲んでもらい、2〜4週間後に花粉症の症状を評価しました。その結果、鼻水や鼻のかゆみは約半分に緩和されました。また、鼻づまりや目のかゆみなども抑えられました。「じゃばらに含まれるナリルチンは、ヒスタミンが分泌されるのを抑え、花粉症の症状が緩和した」と考えられています。

## カテキンとナリルチンのダブル効果に期待

花粉症の症状を和らげる、植物たちがつくる物質のもう一つは、緑茶の成分です。緑茶の中には、苦みや渋みのもととなっているカテキンという成分が含まれていることはよく知られています。

カテキンは、いくつかの物質を総称した名前で、緑茶の中には少なくとも8種類のカテキンが存在します。その中でも、特に花粉症の症状を和らげる効果をもつといわれるのは、「メチル化カテキン」です。正式な物質の名前は、「メチル化エピガロカテキンガレート」ですが、一般には、「メチル化カテキン」とよばれます。

花粉症で悩む人にメチル化カテキンを飲んでもらい、花粉症の症状が良くなるのかを調べた研究結果があります。これは、国立研究開発法人農業・食品産業技術総合研究機構（農研機構）食品総合研究所（現食品研究部門）で行われたものです。

メチル化カテキンを含む緑茶を2グラム、朝と昼2回、花粉症の患者さん9人に飲んでもらいました。また、メチル化カテキンを含まない緑茶を別の9人の花粉症の患者さんに飲んでもらいました。

メチル化カテキンを含む緑茶を飲みはじめた患者さんでは、1カ月後に、鼻づまりの症状が和らぎました。また同時に、花粉症の原因となるヒスタミンの産生に影響を与える物質の血液中の量を、花粉症の患者さんで測定しました。

その結果、飲みはじめて1カ月後には、メチル化カテキンを含まない緑茶を飲んだ患者さんと比べて、ヒスタミンの量は少なくなっていました。この結果から、メチル化カテキンを含む緑茶を飲むと、ヒスタミンの産生量が減り、鼻づまりの症状が軽くなると考えられます。

緑茶の原料となるチャには、いろいろな品種があります。「メチル化カテキンが含まれる量は、品種により違いはないのか」との疑問が浮かびます。日本で栽培されるお茶の約73パーセントを占め、もっともよく飲まれているのは、「やぶきた」という品種です。しかし、メチル化カテキンは、この品種ではなく、「べにふうき」とよばれる品種にもっとも多く含まれています。

べにふうきは、１９９３年に、農林水産省野菜・茶業試験場（現農研機構　果樹茶業研究部門）で正式に品種登録されたもので、２００３年ごろから栽培が増えはじめています。他に、メチル化カテキンが多く含まれていることが知られているのは、「べにふじ」「べにほまれ」という品種です。

沸騰したお湯でべにふうきの茶葉を煮沸すると、メチル化カテキンは、お湯の中に溶け出します。煮沸する時間が長くなればなるほど、多くのメチル化カテキンがお湯に溶出されます。(国研)農研機構　野菜茶業研究部門では、この緑茶にショウガ(生姜)を添加することにより、花粉症を緩和する効果が上がると発表しています。

ここまで、花粉症の症状を和らげる効果があるといわれる、植物の二つの成分、ナリルチンとメチル化カテキンを紹介しました。花粉症は、主にヒスタミンが原因ですが、この二つの物質では、花粉症を抑える仕組みが違っています。すなわち、ヒスタミンの量を減らす方法が違うのです。

ナリルチンは、ヒスタミンが放出されるのを抑えることでヒスタミンの量を減らします。一方、メチル化カテキンは、ヒスタミンの産生量を抑えると考えられています。

「もしそうなら、この両方を摂取すれば、もっと、ヒスタミンの量を減らす効果が上がり、花粉症の症状を和らげられるのではないか」との期待がもたれます。

２０１９年11月、その期待に応えるように、べにふうきとじゃばらを配合した製品が発売されたというニュースが流れました。京都府の宇治産のべにふうきと、和歌山県の北山村産のじゃばらを含んだ製品です。１４３人に15日間飲んでもらい、約70パーセントの人が効果を実感したというモニター試験の結果が発表されています。

## （4）トウモロコシやジャガイモがつくる物質

### なぜ、和菓子のお餅は硬くならないのか？

お餅《もち》を使った和菓子は、多くあります。たとえば、三重県のお伊勢さん名物の赤福餅、福井県の羽二重餅などです。他にも、いちご大福などの大福餅があります。最近は、温州ミカンを包み込んだ「ミカン大福」や、大粒のブドウを包み込んだ「シャインマスカット大福」などもあります。これらは、お餅が使われているのに、日数が経過してもあまり硬くなりません。

「なぜ、これらのお餅は硬くならないのか」との疑問が浮かびます。その疑問をもって、これらの商品の箱や包装紙の裏に記されている原材料を見ると、これらの多くに共通しているのは、「トレハロース」という物質の名前です。

あまり聞き慣れないし、見慣れもしない名前の物質です。そのため、これは、人工的につくり出された添加物と思われがちです。ところが、これは「夢の糖」とよばれる天然の物質なのです。

トレハロースは、ヒマワリのタネや酵母、マッシュルームやマイタケなどのキノコ類に含まれています。中国語では、トレハロースは「海藻糖」と書かれます。実際に、海藻類にもトレハロースは含まれています。

この物質は、砂糖の主な成分である「ショ糖（スクロース）」といわれる糖に比べると、カロリーは同じですが、甘味はほぼ半分なのです。そのため、トレハロースを砂糖の代わりに使うと、甘味が抑えられるので、「上品な甘味」という表現が使われます。「甘みを抑えるので、素材の良さが生かせる」ともいわれます。

また、トレハロースは、水分を保持する物質です。ショ糖に比べて、約2倍の水分を保持できるのです。トレハロースを含むお餅が硬くならないのは、この物質が、多くの水分を含むという性質、すなわち、「保水性」が高いことによります。

お餅は、つきたてのときにはやわらかさをもっています。この理由は、お餅をつくときに、お餅の中に、多くの水分が含まれ、熱が加えられるからです。お餅がやわらかいのは、水分と熱が含まれているからです。その水分と熱が抜けていくと、お餅は硬くなります。

でも、水分と熱は同時には抜けません。

まず、抜けるのは熱です。冷えてくると、お餅が少し硬くなるのは、熱がなくなるからです。でも、熱が抜けても、水分が含まれているときには、まだやわらかさが残っています。水分もなくなると、硬くなってしまいます。ですから、水分が保持されれば、そのお餅は硬くならないのです。

トレハロースは、水分を多く吸収することができます。そのため、**トレハロースをお餅に加えると、お餅は硬くならない**のです。

また、トレハロースは、デンプンがパサパサになるのを防ぎます。そのため和菓子を中心に麺類やご飯類、パンなどのやわらかさを保つ目的で広く利用されています。ご飯を炊くときの水に2パーセント程度のトレハロースを加えておくと、冷たくなってもご飯が硬くなるのを防ぐことができます。

そのため、コンビニで販売されているおにぎりや寿司飯、菓子パンなどの食品に使われていることがあります。岡山県の黍《きび》団子や、秋田県のきりたんぽなどにも加えられていることがあります。

その他にも、お弁当に入っている卵焼きのフワフワした食感をつくり出すためにもトレハロースが使われていることがあります。たとえば、卵を調理するときにトレハロースを添加しておくと、フワッとしたスクランブルエッグや卵焼きができあがるのです。

トレハロースには、デンプンだけではなく、タンパク質に対しても、性質が変化するのを抑える働きがあります。２０１９年に、吉備国際大学の研究グループが次のような実験の結果を報告しています。

卵白に、トレハロースを加えたもの、砂糖を加えたもの、何も入れていないものの三つのグループを準備し、マイナス20度で5日間、保存しました。低い温度でのタンパク質の性質の変化を調べようとするものです。

5日間を経たあと、室温に戻し、凍っていたタンパク質を解凍しました。タンパク質の性質が変わっていると、白く濁りを生じます。この濁りの具合を、性質が変わった度合いとして比較しました。

その結果、砂糖を加えたものは、何も加えていないものに比べて、性質の変化が抑えられていました。トレハロースを加えたものは、砂糖を加えたものよりさらにわずかの性質の変化しかおこっていませんでした。

この効果を生かして、トレハロースは卵や牛乳の加工品に使われています。たとえば、マヨネーズ、カスタードクリームやプリンなどです。

また、食品だけではなく、保湿成分を配合した化粧品にも、トレハロースは使われています。

植物たちを寒さから守るためにもトレハロースは使われています。タキイ種苗株式会社が販売している「トレエース」という商品があります。この主成分は、トレハロースです。

この商品の特徴を見ると、「トレハロースを含むことで冷害に耐えられるようになります。また、トレハロースが土を凍りにくくします。さらに植物がトレハロースを取り込むと、水分を保ちやすくなるためにしなびにくくなります。さらに植物の細胞やタンパク質が壊れにくくなるため、植物が萎《しお》れにくくなります」というような内容が紹介されています。

## 甘いけれども、カロリーゼロの糖はあるのか？

「なぜ、近年、トレハロースが使われるようになってきたのか」との疑問があります。トレハロースは、１８５９年に、初めて純粋な形で取り出されました。しかし、天然の素材から取り出していたため、価格が非常に高く、商品化には向いていませんでした。大量に得ることができれば、「夢の糖」になるといわれていました。

そこで、植物のつくるデンプンから、トレハロースを大量に取り出す方法が工夫されました。そして、１９９４年、株式会社林原が、トウモロコシやジャガイモのデンプンから、その方法を見つけ出したのです。この技術が開発されたおかげで、トレハロースの価格は従来の１００分の1程度に下がり、今では1万種類以上の製品に、トレハロースが含まれています。

トレハロースは砂糖の主な成分であるショ糖と比べて、甘味は半分ですが、カロリーは同じです。そのため、甘みを抑えたトレハロース入りのものを多く摂取していると、カロリーの摂り過ぎになります。

それならば、「甘くて、カロリーのない糖はないのだろうか」という勝手な思いが浮かびます。ところが、実際に、そのような糖があるのです。「希少糖」とよばれるもので、その一つが、「プシコース」という物質です。やっぱり、「夢の糖」といわれたり、「神秘の糖」などといわれたりしますが、これも天然の糖で、ズイナ属の植物に含まれています。

ズイナというのは、ユキノシタ科の植物です。学名は、「イテア　ヤポニカ」で、「イテア」はズイナ属であることを示し、「ヤポニカ」は日本が原産地であることを意味します。関西や、さらに南の四国、九州に自生しています。

プシコースは、砂糖と同程度の甘さでありながら、カロリーがゼロなのです。また、プシコースはブドウ糖の吸収を抑えます。そのために食後の血糖値の上昇を緩やかにし、血糖値の上昇を抑える効果があります。

この効果は、将来的に、血糖値の上昇が原因となっておこる糖尿病や認知症を抑える可能性があります。血糖値が上昇すると、その血糖値を下げるために、血液中にインシュリンというホルモンが多くとどまります。

インシュリンが多くなると、それを分解しようと、インシュリン分解酵素が働きはじめます。インシュリン分解酵素のもう一つの大切な働きは、「アミロイドベータ」というアルツハイマー病の原因となる物質を分解することなのです。

インシュリンが血液中に大量に存在していると、酵素はインシュリンを分解しなければならないために、アミロイドベータの分解にまで手が回らなくなります。その結果、アミロイドベータが脳に蓄積し、アルツハイマー病が発症することになります。

実際に、血糖値が高く保たれる糖尿病にかかると、アルツハイマー病になる確率が通常の2～4倍になるといわれています。プシコースで血糖値の上昇を抑えると、アルツハイマー病の発症を抑える可能性が生まれるのです。

でも残念ながら、プシコースは、砂糖と比べ価格が高いため、まだまだ普及していません。現在、市場にはプシコースを6パーセント含む甘味料が、「レアシュガースウィート」という名前で株式会社レアスウィートから売られています。

# 第5章　薬の効果を無効にしてしまう植物

前章では、植物たちがつくる物質の中から、今まで、その働きがあまり注目されてこなかった物質や、私たちの健康に役立つことが知られてきた物質、また、今後その活躍が期待される物質などを、いくつか紹介しました。

一方、植物たちがつくる物質の中には、思いがけず、私たちが服用する薬の効果を弱めたり、強めたりするものがあります。

植物たちは、本当にいろいろな働きをもつ物質をつくり出すものだと感心します。しかし、私たちは、植物たちを食べものとし、共存・共生していかなければなりませんから、それらの物質について、正しい知識をもたなければなりません。

本章では、ある薬の効果を弱めたり、強めたりする物質と、それらをつくり出す植物について、いくつか紹介します。

## (1)薬の効果を消すグレープフルーツ

### いっしょに飲んだら危険な薬とは?

グレープフルーツは、１９７０年代には日本の一般の家庭でも、広く食べられるようになりました。アメリカから上陸した目新しいフルーツだったため、とても人気がありました。

グレープフルーツは、西インド諸島が原産地で、ブンタンの自然雑種として生まれました。学名は、「シトラス　パラディシ」で、「シトラス」は柑橘類であることを示し、「パラディシ」はパラダイス（楽園、天国の意味）ですから、「楽園の木の実」といわれます。

また、さわやかでフルーティな香りは、パラディシからの連想により「天国の香り」と形容されます。アメリカのフロリダやカリフォルニアで盛んに栽培されています。果肉が黄白色のものや、赤みを帯びたものもあります。

日本では、この果物は、10年くらい前には、果物屋さんやスーパーマーケットに山積みにされて売られていました。その当時、多くの人に食べられている果物だったのです。ところが、近年は、そのような様子を見かけません。しかも、若い人には、この果物の名前さえ、知られていないこともあるようです。

「なぜ、グレープフルーツの消費が著しく減少しているのか」との疑問がおこります。

「よく似ていて、皮がむきやすく、苦味の少ないメロゴールドという果物が、消費者に好まれるから」といわれることもあります。確かに、メロゴールドはおいしいので、グレープフルーツに代わり、人気が上がるのかもしれません。

グレープフルーツが敬遠されはじめた原因の一つに、高齢者が増え、その高齢者が服用しているお薬とグレープフルーツの相性が悪いことがあげられることがあります。

グレープフルーツには、「フラノクマリン」という物質が含まれています。この物質は、血圧を下げるために飲む降圧剤を服用している人には、少し注意が必要なものです。

降圧剤を服用すると、その効果が現れますが、続けて飲んでいないと、やがて、その効果は消えます。そのため、毎食後に服用したり、朝と晩に服用したりして、その薬の効果を維持しているのです。その理由は、服用した薬は、食べものと同じように、からだの中で分解されて、排出されていくからです。

グレープフルーツに含まれるフラノクマリンは、血圧を下げる薬のうち、ある種のタイプ（「カルシウム拮抗《きっこう》薬」といわれるタイプ）の薬が、からだの中で分解されていくのを妨げてしまいます。

ということは、この薬を服用して、グレープフルーツを食べていると、からだの中でそのお薬の分解が抑えられてしまうということです。すると、からだの中にお薬がだんだんと、たまっていきます。

その結果、お薬の効果、すなわち、血圧を下げる効果が強くなってしまい、血圧が下がり過ぎてしまいます。そのため、「この降圧剤を服用している人は、グレープフルーツを食べない方がいい」といわれます。

しかし、すべての人が、同じように、グレープフルーツの影響を受けるわけではありません。なぜなら、人によって、分解が妨害される程度にはばらつきがあるからです。医療機関では、万が一の場合を考えて、このタイプのお薬を飲むときには、グレープフルーツを食べるのは控えるようにアドバイスされるのです。

グレープフルーツだけではなく、フラノクマリンを含む果物には、夏ミカン、ダイダイ、ハッサク、ブンタンなどがあります。グレープフルーツに代わって人気が上がると思われるメロゴールドも、フラノクマリンを含む柑橘類とされています。そのため、これらは、グレープフルーツと同じ効果をもたらします。

フラノクマリンは柑橘類の果実に多く含まれますが、柑橘類だからといって、すべてがフラノクマリンを含むというわけではありません。温州ミカンやカボス、レモンやネーブルなどはフラノクマリンを含まないことが知られています。

## （2）納豆のビタミンKにはご用心

### 納豆と薬との食べ合わせに、注意!

２０１９年９月、神戸大学の研究チームが、マウスを使った実験で、「納豆などに多く含まれる特定のアミノ酸の化合物を食べさせることによって、うつ病の発症を予防することに成功した」と、欧州の学術誌に発表し、話題になりました。

研究に使われた「特定のアミノ酸の化合物」とは、２個のアミノ酸がつながったものです。効果が認められたのは、ロイシンとヒスチジンという２種類のアミノ酸がつながったものでした。

この化合物をマウスの餌に混ぜて毎日食べさせると、脳の炎症をおこす物質の量が減ったというのです。また同じ餌を食べさせたマウスは、うつ病の発症につながる強いストレスを与えても、不安症状などがまったく観察されなかったということです。

ただ、この効果を生み出すためにマウスに与えた量を人間に置き換えると、１日に数十キログラムの納豆を食べる必要があります。そのため、私たち人間には、効果があるかがわかりませんが、物質の構造がわかっているので、今後は、その物質が人工的につくられ、調べられていくことになります。

**納豆で注意しなければならないのは、ある薬との食べ合わせです。ある薬とは、「ワーファリン」です。**これは、血が固まるのを防ぐためのお薬です。たとえば、心房細動という不整脈のある人は、心臓の中で血の塊である血栓ができやすいのです。

心臓の中に血栓ができて、脳に運ばれると、脳梗塞の原因になります。だから、血を固まらせないように、ワーファリンというお薬を服用するのです。では、「どのようにして、ワーファリンは、血を固まらせないようにしているのか」との疑問が浮かびます。

血が固まるには、フィブリンという物質が必要です。怪我《けが》をして出血したときなどに、血が止まるのは、このフィブリンが働くからです。このフィブリンができるためには、ビタミンKが働かなければなりません。

ビタミンKの「K」は、オランダ語で血液が固まることを意味する「Koagulation」の頭文字です。ビタミンKの大切な働きが、出血を止めるための物質をつくり出すことを示しています。

ワーファリンを飲んでいると、血栓ができにくくなるのは、ワーファリンが、ビタミン

Kの働きと拮抗するからです。つまり、ワーファリンは、ビタミンKがフィブリンをつくる働きを抑えるのです。

「だったら、ワーファリンという薬を服用していると、怪我をしたときなど、血が止まりにくいのではないか」との疑問が浮かんできます。その通りで、ワーファリンを飲んでいる人は、出血すると、血が止まりにくくなります。ですから、歯医者さんなどで、抜歯の際には、ワーファリンを服用していることを、お医者さんに伝えなければなりません。

納豆には、ビタミンKが多く含まれています。そのため、ワーファリンを服用して、ビタミンKの働きを抑えていても、納豆をたくさん食べると、ビタミンKの力がワーファリンを上回り、ワーファリンの効果は消えます。服用している薬の効果が、無効になるのです。

ビタミンKを多く含む食材は、納豆以外には、ワカメや海藻が知られています。ただ、ワカメや海藻は、そんなに多くの量を食べるものではありません。だから、注意するようにあまりいわれないのですが、納豆は小さな1パックに50グラム前後入っているので、一度に摂るビタミンKの量も多くなります。

同じように、キャベツなどにもビタミンKは含まれています。その量は、ごくわずかなのですが、キャベツも、食べるときには比較的多くの量を食べるので、ワーファリンを服用している人は、やっぱり注意しなければなりません。

「納豆には、ビタミンKが多く含まれているというけれど、その原料であるダイズについては、そのようなことがいわれないのはなぜか」という疑問もおこります。この疑問は、もっともなことですが、ダイズには、ビタミンKは納豆ほど多くは含まれていないのです。

納豆の原料となるダイズの乾燥したものでは、ビタミンKは、１００グラム当たり18マイクログラムに対し、納豆では、８７０マイクログラムと、約50倍に増えています。これは、納豆菌によって、ダイズの栄養成分からビタミンKがつくられるからです。

## (3)キャベツにも注意することがある！

### キャベツが効果を弱める薬とは？

キャベツは、ヨーロッパ原産のアブラナ科の植物です。この野菜は、ヨーロッパでは、「貧者の医者」とか「貧乏人の医者」といわれます。価格が比較的安く、ビタミンCやビタミンKなどを豊富に含み健康に良いからです。

昔、アメリカの人気アニメの主人公「ポパイ」が、ホウレンソウの缶詰を食べて怪力を出し、恋人「オリーブ」の危機を救っていました。そのため、ホウレンソウは元気の出る食べものの象徴でした。

しかし、ポパイの元気のもとは、もともとはホウレンソウではなくキャベツだったといわれます。ポパイは、アメリカのベジタリアン協会が菜食主義を広げるために、キャラクターとして生み出したものです。

当初は、ポパイは、丸々1個のキャベツを抱えて元気さをアピールしたといわれます。しかし、1個のキャベツを抱えて行動するのは大変なので、ホウレンソウの缶詰に変え、人気を博したといわれます。

日本では、「キャベジン」という名前は商品名になっていますが、本来は、物質の名前です。「キャベジン」という物質は、キャベツの葉っぱから発見された抗潰瘍効果のある成分であり、ビタミンUとよばれることもあります。「なぜ、Uなのか」という疑問が浮かぶかもしれません。このUは、英語で「潰瘍」を意味する「Ulcer（アルサー）」の頭文字から名づけられたものでした。

この物質は、1953年に発見されたのですが、その当時は、これはビタミンと考えられていました。ビタミンは、動物が成長し、命を保つために不可欠のものと定義されていました。その後、必ずしもこの物質がなくても、動物は成長することができ命が保たれるので、必要不可欠なものではないとされ、ビタミンとよばれなくなりました。

第3章の「(6) ニンニクから生まれたお薬とは？」で、ガン予防に効果があると考えられる野菜を中心とした食材を、効果が期待できる順にピラミッド型に並べた、「デザイナーフーズ・ピラミッド」を紹介しました。

その頂点に位置したのがニンニクでしたが、その下のグループに位置しているのが、キャベツなのです。キャベツが、私たちの健康を守るのに貢献することがはっきりと提示されたのです。

日本には江戸時代の末期に伝えられ、明治時代には、栽培が行われていました。古い和名では、「甘藍（カンラン）」、あるいは、玉のように結球するので、「玉菜」「球菜」とも書かれます。

２０１５年、厚生労働省が、２０１２年に行われた「国民健康・栄養調査」をもとに、「日本人によく食べられている野菜のランキング」を発表しました。キャベツは、そのランキングでは、第3位でした。ちなみに、第1位はダイコン、第2位はタマネギでした。

キャベツは、ある「好きな野菜」調査では、第2位のタマネギを抑えて、人気ランキング第1位でした。「なぜ、この野菜がそんなに多くの人から好かれているのか」と不思議に思う人があるかもしれません。

キャベツは調理をしなくても、その気になれば生のまま手軽に食べることができますし、栄養もありますし、嵩《かさ》があるので満腹感が味わえることから、ファンが多いのです。ダイエットに使われることの多い野菜です。

ただ、キャベツを多く食べる場合には、注意しなければならないことがあります。本章の「（2）納豆のビタミンKにはご用心」の項で紹介しましたが、**キャベツには、出血したときなどに血液を固まりやすくするビタミンKが含まれている**ということです。血栓を予防するための薬、たとえば、「ワーファリン」などを服用する人たちは、キャベツの食べ過ぎに注意する必要があります。

もう一つ、キャベツを多く食べるときに、気をつけねばならないのは、「アセトアミノフェン」という物質を主な成分としている風邪薬を飲んでいる場合です。この薬は、鎮痛・解熱剤として、頭痛がするときや発熱しているときに服用されます。

発熱や痛みを生み出すもとになる物質はプロスタグランジンであることは、第3章の

『薬の王様』の効き目とは？」で紹介しました。

アセトアミノフェンの正確な働きはまだわかっていませんが、プロスタグランジンがつくられるのを抑えたり、この物質を感じにくくしたりすることにより、痛みを和らげ、発熱を抑えると考えられています。

アセトアミノフェンは、キャベツに含まれている「グルクロン酸」という物質と相性がよくありません。グルクロン酸は、キャベツだけではなく、ハクサイやコマツナ、ブロッコリーやカリフラワーなどのアブラナ科の植物に含まれています。

グルクロン酸は、アセトアミノフェンと結合して、尿として、アセトアミノフェンを体外へ排出してしまいます。そのため、アセトアミノフェンを服用しても、キャベツなどのアブラナ科の野菜を多く食べると、アセトアミノフェンが速やかに排出されて、鎮痛・解熱効果が見られないということになります。

植物たちは、薬となる物質をつくってくれます。そのため、私たちの健康に役立ちます。ところが、一方では、薬の効果を無効にする物質をつくることもあるのです。もちろん、それらの物質は、その目的のためにつくられているのではありません。それらは、もし薬を飲んでいなかったら、健康に役立ったり、特に害にもならなかったりする物質なのです。

# 第6章　長寿と植物

## ～ガン、認知症と植物の話

２０１９年に発表された日本人の平均寿命は、男性81・２５歳、女性87・３２歳で、これらは世界のトップクラスになります。平均寿命が毎年延びてきて、近年は、「人生１００年時代」といわれます。

しかし、私たちは、平均寿命が延びて、１００年間を生きることよりも、健康上の問題がなく日常生活を送れる健康寿命をまっとうできればと願います。ところが健康寿命は、平均寿命より、男性で8歳以上、女性で12歳以上も短いのです。つまり、この年数の間は、日常生活に何らかの制限がある「不健康な状態」で生きることを意味します。

私たちはみんな、できれば、死ぬまで健康で元気で生きていたいと願います。

本章では、そのために、私たちの健康に貢献してくれると思われる植物たちを紹介します。特に、私たちがかかりたくないのは、認知症です。

認知症は、高齢になって、突然、発症するものではありません。数十年をかけて、脳の中でゆっくりと発症に向けて準備が進んでいるのです。

そして、症状が現れてしまうと、それを治す薬は現在ありません。認知症の薬というのはありますが、治すものではなく、その進行を遅らせるだけのものです。ですから、症状が現れる前から進行を遅らせていくことが大切なのです。

現在、その方法として、三つのことがいわれています。一つ目は、からだを使って、運動することです。多くの人が、エレベーターやエスカレーターをなるべく使わずに、階段を利用するように努めているのは、このためでしょう。このような人の中には、階段を必ず、一段飛ばして上がっていくという方もおられます。

遺伝的に、認知症を確実に発症するようになっているマウスがいます。このマウスを飼育するケージの中にランニング・ホイールという、クルクルと回る用具を入れて、運動の機会を与えておくと、この用具を与えない場合に比べて、発症が遅れるという実験結果があります。

二つ目は、頭を使うことです。いろいろなことに好奇心をもって、知的な活動を行うように努めることが大切といわれます。考えながら読書をしたり、興味のある講演を聴いたりするのが有効といわれます。

三つ目は、進行を遅らせるといわれる食材を食べることです。認知症を防ぐ飲みものについては、２０１９年８月に出版された拙著『植物はおいしい』（ちくま新書）で、ビール、赤ワインなどについて紹介しました。また、その際のおつまみは、カマンベールチーズと、渋皮つきのラッカセイが良いと考えられる背景も紹介しました。

本章では、それ以外の、私たちの健康に貢献し、認知症を防ぐといわれる四つの食材を取り上げて紹介します。

## (1)ダイズ

### ダイズの成分の何が健康に良いのか?

ダイズには、野菜や果物が含むような、アミノ酸やビタミンB群やビタミンE、カルシウムなどのミネラルや食物繊維などが多く含まれています。それ以外に、特有の成分であるポリフェノールの一種である「イソフラボン」が含まれています。この物質は、「抗酸化作用をもち、高血圧、動脈硬化、糖尿病などの生活習慣病を予防する効果をもつ」と注目されています。

また、イソフラボンは、女性ホルモンによく似た働きをすることが知られています。そのため、女性ホルモンであるエストロゲンが不足しておこる更年期障害を軽減し、高齢の女性に増えてくる骨粗しょう症を予防します。

ところが、２００６年に、内閣府の食品安全委員会が、イソフラボンの摂取の上限を定め、過剰に摂取することを戒めました。納豆や豆腐などの食品からイソフラボンを摂取するのはいいのですが、「妊婦や子どもは、これをサプリメントの状態で摂ってはいけない」という注意が出されたのです。イソフラボンを摂取するのは、豆腐や納豆などの食品からに限るということです。

近年、「イソフラボン」の研究が多くなされています。その途上で、イソフラボンは腸内の細菌によって「エクオール」という物質に変えられていることがわかってきました。

エクオールをつくり出すのは腸内細菌であり、誰の腸にも腸内細菌はいます。腸内細菌というのは、小腸や大腸などの腸にいる細菌です。その種類は、数百から数千種といわれ、その個数は、１００兆個以上とも、約１０００兆個ともいわれます。

ところが、人によって、もっている腸内細菌の種類や数が異なるのです。腸内細菌の種類は、すごい数がありますが、その働きから、大きく善玉菌と悪玉菌と日和見《ひよりみ》菌の三つに分けられます。

善玉菌は、消化・吸収を助ける菌で、乳酸菌やビフィズス菌などです。悪玉菌は、有害な物質をつくり、便秘や下痢などの原因となる菌で、有毒な大腸菌やウェルシュ菌などです。日和見菌は、善玉菌が増えれば、善玉菌の働きを助け、悪玉菌が増えれば、悪玉菌の働きを助ける菌で、通常は無毒な大腸菌などです。

これらの菌がまとまって腸内の壁面に生息しています。**腸内細菌の様子を顕微鏡で見ると、いろいろな植物がまとまって花を咲かせているようであるため、「お花畑」を意味する英語の「フローラ」が使われ、「腸内フローラ」といわれます。**フローラは、分類学の用語で、「植物群集」を意味し、ギリシャ神話では、花の女神を指します。

この腸内細菌によって、エクオールをつくれる人とつくれない人に分かれます。そして、エクオールをつくる菌をもつ人ともたない人では、イソフラボンの効果は違ってくるのです。

２０１７年に滋賀医科大学アジア疫学研究センターから発表された、日本人の男性を対象にした研究があります。２００４年～２００７年の間に、２７２人を対象としました。年齢は40～49歳です。

この人たちには、特に心臓血管系の病気はありませんでした。血液中のイソフラボン濃度と同時に、エクオールの濃度も測定されました。この研究では、心臓血管系の病気の指標として、心臓に酸素や栄養を送る血管が狭まる度合いを画像撮影で捉えました。

その結果、血液中のイソフラボン濃度と心臓血管系の病気の発症は、相関関係がありませんでした。それに対し、血液中のエクオールの量が高い人は、心臓血管系の病気にはなりにくい兆候を示しました。

エクオールをつくることのできる人たちでは、心臓血管系の病気になる兆候を示したのは、エクオールをつくれない人に比べて、約10分の1でした。

つまり、**ダイズのイソフラボンは、直接的に心臓血管系の病気を防ぐのではなく、腸内細菌のおかげでエクオールという物質に変わり、そのエクオールが心臓血管系の病気を防ぐ可能性が高い**ということです。

## 大豆レシチンの期待される効果とは？

「認知症にならないためには、認知症を防ぐといわれる食材を食べることが大切です」といわれると、その通りで、納得できます。でも、何を食べればいいのでしょうか。近年、ダイズに含まれる、ある成分が注目されています。

それが有名になったきっかけは、１０５歳まで長生きされ、活躍された、聖路加国際病院の理事長であった日野原重明博士です。日野原博士は、毎朝コップ1杯の牛乳を飲んでいたと、著書『病気にならない15の食習慣』に書かれています。

日野原博士は、その牛乳にあるものを入れて飲まれていました。それは、大豆レシチンです。レシチンとは、油の一種です。レシチンは、動物や植物の細胞の膜をつくり、栄養にもなります。レシチンが多く含まれ、見た目によくわかるのは、卵の黄身です。卵の黄身は、顕微鏡を使わなくても目で見ることができる、一つの細胞です。

この黄身の膜は、レシチンでできています。膜の厚さは１ミリメートルの１０００分の１をさらに１０００分の１にした程度の薄いものですから、膜自体は見えません。しかし、レシチンを含む油が「膜」をつくっていることで、卵の黄身は丸い形を保つことができているのです。

レシチンには、動物性のものと植物性のものがあります。動物性のものは、卵の黄身に多く含まれています。植物性のレシチンは、ダイズに多く含まれています。日野原博士が、毎朝、飲んでいたのは、植物性の大豆レシチンです。

大豆レシチンを摂っている人の血管は、しなやかで柔軟性があることがわかっています。血管が老化してくると動脈が硬くなり、動脈硬化とよばれる現象がおこります。すると血管系の病気になりやすくなります。

大豆レシチンを摂っていると、血管をしなやかに保つことができます。そのため、脳内出血や脳梗塞、また、脳に限らず心筋梗塞などの病気がおこりにくくなります。

**２０１４年に、ダイズ由来のレシチンが脳の認知機能に良い効果があることを示す研究の成果が、ドイツ・スイス・イスラエルの研究者たちから報告されました。**この研究では、65歳以上の72人の健常な高齢者を二つのグループに分けました。

一方のグループには、３カ月間、大豆レシチンを摂取してもらいました。もう一方のグループには、大豆レシチンを摂取させませんでした。その結果、大豆レシチンを摂取したグループは、摂取しなかったグループに比べて、認知機能や記憶力が高かったのです。

## (2)ニンニク

### ニンニクには、国際シンポジウムがある！

ニンニクは、以前はユリ科でしたが、近年はヒガンバナ科とされ、原産地は、西アジアです。この植物は、日本最古の歴史書である古事記（７１２年）や、奈良時代に完成した日本書紀（７２０年）、現存する最古の歌集である万葉集（７５０年前後）にすでに記載されており、日本には約２０００年前の弥生時代に中国や朝鮮から伝来したと考えられます。

ニンニクの英語名は、「ガーリック」です。学名は、「アリウム　サティウム」です。「アリウム」は、ネギ属であることを示し、「サティウム」は「栽培する」を意味しています。ですから、学名は、「栽培されているネギ属の植物」という意味です。

漢字では、「大蒜」と書かれます。同じ科の植物に「ノビル（野蒜）」があり、姿、形がよく似ており、ニンニクはそれより大きいので、「大きい蒜」という意味で、この字が使われました。「蒜（ひる）」というのは、ネギ、ニラ、ノビル、ニンニクなど、匂いが強く、食用となるおいしい草を総称して指す語です。

「古代エジプトでは、ピラミッド建設の労働者にニンニクが与えられた」といわれます。また、中国の「万里の長城」を建設するときの労働者にも、この植物は与えられました。ニンニクには、疲労を回復させ、体力を増強する効果があることが、昔から知られていたからです。そのため、「農夫の万能薬」といわれています。

近年、ニンニクは、滋養強壮、疲労回復のみならず、ガンを予防する効果が注目されています。第２章で紹介したように、２０１９年６月に、厚生労働省が発表した、２０１８

年の死亡原因は多い順に、第1位は悪性新生物（腫瘍）、第2位は心疾患（高血圧性を除く）、第3位は、「老衰」でした。悪性新生物（腫瘍）はガンのことで、日本人の死因の第1位となっているのです。

このガンに対するニンニクの効果が、１９９０年に、世界で注目を集めました。第3章の「ガンを予防する野菜ピラミッドの頂点は？」の項で紹介したように、この年、アメリカの国立ガン研究所を中心に、ガン予防に効果があると考えられる約40種類の野菜を中心とした食材を、効果が期待できる順にピラミッド型に並べた、「デザイナーフーズ・ピラミッド」が発表されたのです。

その頂点に位置したのが、ニンニクでした。ニンニクが、私たちの健康を守るのに貢献することがはっきりと提示されたのです。それをきっかけにしたのかどうかは不明ですが、１９９０年に、「インターナショナル　ガーリック　シンポジウム（国際ニンニクシンポジウム）」が開催されました。

単一の食材をテーマに、国際的なシンポジウムが開かれることは、コメやコムギ、トウモロコシなどの主要な穀物以外では、めずらしいことです。しかも、このシンポジウムは、1回だけではなく、その後も継続的に行われています。２０１９年5月には、世界中から、ニンニクの研究者が集まって、6回目が広島県で行われました。

そのときのテーマは、「ニンニクとその成分による健康増進に関する最新の基礎及び臨床研究」でした。ニンニクは、古くから、私たちの健康を支え、滋養強壮に役立ってきたのですが、近年、このシンポジウムのように、ニンニクがつくり出す成分が健康に貢献することにますます注目が集まっているのです。

ニンニクの日は、語呂合わせで、2（ニ）月29（ニク）日と決まっています。「せっかく、国際的なシンポジウムをやるのなら、なぜ、ニンニクの日にやらないのか」との疑問も生まれます。でも、「この日にやると決めると、この日は閏年《うるうどし》にしかないから、4年に1回しか開催できないからではないか」との声も聞こえてきそうです。

## ニンニクが認知症を防ぐのはほんとうか？

前の項で、2019年5月に「インターナショナル ガーリック シンポジウム（国際ニンニクシンポジウム）」が、広島県で開催されたことを紹介しました。ニンニクについての国際的な取り組みはこれだけではありません。

2019年9月には、「第4回世界黒にんにくサミット（インターナショナル ブラック

黒ニンニク

ガーリック サミット）」が、青森県八戸市で開催されました。協同組合青森県黒にんにく協会が主催者となって行われたものです。

　開催の主旨では、「黒にんにくに関する科学者によるエビデンス、機能性、成分規格化、優良な黒にんにくを製造するための指標について、また、料理人による調理法や海外での活用方法等の情報発信を行うことで、黒にんにくの品質の向上、6次産業化の推進、輸出の促進を図ること、加えて、地域団体商標取得等の取組を踏まえたブランド保護の重要性の認識を深めることを目的とします」と発表されています。

　黒ニンニクとは、高い温度や高い湿度などの条件で、熟成させたニンニクです。黒ニンニクは、「不思議な黒い果物」とよばれるだけあって、果物のような食感をもつ食材です。

その成分の中に、認知症の一番の原因である「アルツハイマー病」を防ぐ可能性があるものが見つかりました。

それが、「Ｓ－アリルシステイン」という物質です。これは、熟成しないニンニクには、わずかしか含まれていません。しかし、熟成したニンニクでは増加していることが、青森県産の黒ニンニクで確認されています。

熟成の度合により数値は異なりますが、黒ニンニクにはＳ－アリルシステインがふつうのニンニクの数十倍に増えています。このＳ－アリルシステインが、アルツハイマー病の原因となるアミロイドベータがつくられるのを防ぐことがわかってきたのです。

アメリカのイリノイ大学麻酔科学教室から、「アルツハイマー病を発症するようにつくられたモデルマウスに、4カ月間、熟成ニンニクエキスやＳ－アリルシステインを与えた結果、Ｓ－アリルシステインがアミロイドベータの沈着を抑えることがわかった」と報告されています。

この実験結果では、熟成ニンニク抽出液が、Ｓ－アリルシステインより強くアミロイドベータの沈着を抑える結果が得られています。そのため、熟成ニンニク抽出液には、Ｓ－

アリルシステインの効果を高める物質が含まれているか、S－アリルシステイン以外のアミロイドベータの沈着を抑える物質が含まれている可能性が考えられます。

いずれにせよ、熟成ニンニクを食べることは、認知症の発症を遅らせるのに効果がありそうです。

## (3)オリーブ

### 地中海沿岸地方では、「不老長寿の秘薬」

オリーブはモクセイ科の植物で、原産地は地中海沿岸地方です。現在では、世界中で栽培され、「平和のシンボル」として、国連旗を飾る植物です。日本には明治時代に導入され、香川県の小豆島で栽培に成功しました。そのため、オリーブは、香川県の県花・県木に選ばれ、小豆島は、「日本のオリーブ栽培発祥の地」として、「オリーブの島」といわれます。

オリンピックのマラソンの勝者に与えられる冠は、オリーブでつくられたものです。これは、「健康と平和を司る」といわれ、「スポーツの神」といわれるギリシャ神話の「ゼウ

小豆島のオリーヴの森にある「樹齢千年のオリーヴ大樹」
写真提供：小豆島ヘルシーランド株式会社

ス」のシンボルがオリーブだからです。

この冠は、月桂樹（ローレル）でできていると思っている人も多いのですが、本来、月桂樹は、芸術と音楽を司る「芸術の神」といわれる、ゼウスの子である「アポロン」のシンボルです。「スポーツの神」のシンボルではありません。

オリーブは雄株と雌株が別々ではなく、1本の木に咲く花には、オシベ、メシベがあります。ですから、1本の木が植えられていれば、タネができ実ができるはずです。

ところが、多くの植物は、自分の花粉を自分のメシベにつけて、タネ（子孫）をつくりたくないのです。もしそうしてタネをつくれば、自分がもっている性質がそのまま子孫に伝わります。

ある病気に弱いという性質をもっていれば、一族郎党がその病気に弱くなります。そして、その病気が流行れば、全滅します。そのため、自分の花粉が自分のメシベについてもタネや実をつくらない植物があります。この性質は、「自家不和合性」といわれます。オリーブの品種によっては、自家不和合性の程度に差があります。この性質が強い場合には、1本では果実をつけないので、異なる品種の木をもう1本植えておかねばなりません。この性質が弱いと、自分の花粉で果実をつけることもあります。

1本で果実をつける場合でも、多くの果実をつけさせたい場合には、2本植えなければなりません。もちろん、偶然、近くに他の品種が植わっていると、その花粉で果実がなることがあります。

5月から6月にかけて、多くの小さな白い花が房のようになって咲き、果実がなります。濃い緑色の果実は、秋に向かって、黄色みを帯び、薄紫色を経て、やがて、赤黒くなります。

この果実には、「若返りのビタミン」といわれるビタミンEが多く含まれており、オリーブ・ポリフェノールとともに、からだの老化を防いでくれます。また、豊富なオレイン酸が、悪玉コレステロールを減らし、便秘を予防します。

鉄分やカルシウムなどのミネラルも多く含まれており、健康に役立ちます。香辛料とともに野菜や果実を酢漬けにした欧米風の漬物であるピクルスでは、オリーブの果実もよく使われる素材の一つとなっています。

果肉をしぼって得られるオリーブオイルには、果実と同じように、ビタミンEやオリーブ・ポリフェノール、オレイン酸が豊富に含まれており、老化や動脈硬化の予防に役立つといわれます。

そのため、原産地である地中海沿岸地方では、オリーブオイルは「不老長寿の秘薬」とよばれています。サラダなどにかけるとおいしいのですが、かけ過ぎになりがちなので摂り過ぎには気をつけねばなりません。でも、適度に摂取することは、健康に貢献するはずです。

「オリーブの島」である小豆島では、果実からオリーブオイルをしぼり切って残った滓《かす》は、ウシやブタ、ハマチの飼料として使われます。育ったウシやブタ、ハマチは「オリーブ牛」「オリーブ夢豚」「オリーブハマチ」として人気の特産物となっています。

## 人口2000人のうち300人が100歳以上の地域がある

２０１９年９月13日、敬老の日を前に、全国の１００歳を越えた人の数が、厚生労働省から発表されました。この人数が発表されはじめた１９３６年には、１５３人だったのですが、２０１９年には、７万１２３８人となりました。30年前の１９８９年（平成元年）の３０７８人と比べて、23・１倍となる人数です。平成の時代に、ものすごく増加しているのです。

世界的には、「センテナリアン」という言葉があります。これは、１００年、すなわち、1世紀（センチュリー）を生きた人という意味で、１００歳を越えた人を指す言葉です。現在、センテナリアンの人数は、日本で7万人を超え、世界では45万人を超えているのです。

世界で、長寿の人が特に多くいるといわれる地域がいくつかあります。その中の一つが、イタリア南部のアッチャローリという地域で、人口２０００人のうち３００人がセンテナリアンだと報じられ、世界から注目されました。

この辺りは、地中海食の発祥の地といわれます。地中海食というのは、イタリア、ギリシャなどの地中海沿岸地方の人々が食べている伝統的な料理です。日本の和食が２０１３年にユネスコの無形文化遺産に登録されましたが、地中海食は、２０１０年に、この無形文化遺産に登録されています。

その食事の特徴は、野菜や果物が豊富に使用されていること、牛肉や豚肉などの肉は控えめにして、ヨーグルトやチーズなどの乳製品が多く使われること、魚やオリーブオイルやナッツ類がよく使われることなどです。それに、食事とともに適量のワインを飲むことが加えられます。

「地中海食を食べていれば、健康で長生きできるのか」という素朴な疑問が浮かんできます。この疑問に答える興味深い実験が、２０１６年のＮＨＫスペシャルで紹介されました。

ボローニャ大学のフランチェスキー名誉教授らは、ヨーロッパの５カ国、イタリア、オランダ、イギリス、フランス、スウェーデンで、地中海食を１年間食べ続けたグループと、食べなかったグループで、健康で長生きできる度合いを比較しました。

この研究では、健康で長生きできる指標に、加齢とともにゆっくりと体内で進む「慢性炎症」の程度が使われました。値が小さいほど、健康であるということになります。

結果は、イタリアとオランダでは、食べたグループの慢性炎症の数値が明らかに下がりました。ところが、イギリスでは、炎症レベルは変わらなかったのです。国によって地中海食の効果に差があるというのです。

実験を行ったフランチェスキー名誉教授は、その理由の一つが２０４ページでも紹介した腸内フローラの違いだとしています。腸内フローラは、国によって、何を食べているかなどが違っているため、同じものを食べても効果に違いが出てくるということです。

## 日野原博士のオリーブオイル健康法

2017年7月、聖路加国際病院の理事長であった日野原重明博士が、105歳で亡くなられました。博士は、死の直前まで現役で、医師として職をまっとうされました。その健康を支えるために、いろいろの努力をされていたといわれます。

たとえば、寝るときは、〝うつぶせ〟であったそうです。また、エレベーターやエスカレーターを使わず、一段飛ばしで階段を駆け上がるという階段健康法を実践されたといわれます。

また、日野原博士が30歳だったころの体重は60キロでしたが、101歳のときにも62キロだったのです。生涯を通して、体重やカロリー摂取量の管理も厳重にされていたのです。

それらに加えて、日野原博士は、毎朝スプーン1杯（約15グラム）のオリーブオイルをオレンジジュースに入れて飲んでおられたといわれます。このオリーブオイルは、地中海食の健康効果において中心的な役割を果たしているといわれているものです。

「どのような根拠があるのか」との疑問に答えるように、次のような、オリーブオイルの健康面における有効性についての研究があります。

フェデリコ2世・ナポリ大学臨床・実験医学科が23人の高血圧患者を対象に行った実験によると、半年間、オリーブオイルを摂取した被験者全員の血圧が低下しました。その結果、血圧を下げる薬の量が減少しました。そのうち8人は、投薬の必要もない状態にまで血圧が下がったと報告されています。

これは、動脈硬化を促す悪玉コレステロールの働きを抑制するオリーブオイルのオレイン酸とポリフェノールの働きによるものだと考えられています。

この実験では、オリーブオイルとして、「エキストラバージン・オリーブオイル」が使われています。これは、オリーブの果実を直接しぼって得られる「バージン・オリーブオイル」のうち、香りや味などのいくつかの項目が評価され、認められたものだけに与えられる名前です。そのため、オリーブの果実に含まれる天然成分がそのまま油の中に含まれています。

一方、オリーブオイルには、しぼったオイルを精製したものがあり、「ピュア・オリーブオイル」とよばれます。

## オレオカンタールは老人斑を減らす

地中海食の中でも特に注目されているのは、このオリーブオイルです。地中海食では、１日に25〜50ミリリットルのオリーブオイルを摂取します。

オリーブオイルの健康への効果については前項で紹介しました。オリーブオイルに含まれる物質の中で、その作用が注目されるのが、「オレオカンタール」という成分です。

この成分については、炎症を抑えたり、酸化を防いだりする効果が以前より知られていました。近年は、この成分がアルツハイマー病の発症を遅らせる可能性を示す研究成果が発表されています。

２００９年に、アメリカのノースウェスタン大学神経生理学講座のピット氏らが、オレオカンタールがアルツハイマー病の特徴である「老人斑」を減らす効果があると報告しました。老人斑というのは、脳の中で、アミロイドベータが凝集したものです。

２０１３年に、アメリカのルイジアナ州立大学の基礎薬理学部門のアブズナイト氏らの報告によって、そのメカニズムがわかってきました。老人斑が脳の中にできると、それを排出するための出口の数を多くすることで、オレオカンタールは老人斑を減らしていることがわかったのです。

出口をつくるためのタンパク質の量は、オレオカンタールを摂取したマウスでは、摂取していないマウスに比べて約1・3倍に増え、実際に、オレオカンタールを摂取したマウスでは、摂取していないマウスに比べて老人斑の排出量が約1・3倍多くなっていました。

## (4)ウコン

### ウコンの〝力〟とは？

私たちは、認知症にならないことを願っています。現在、この病気の治療法が確立していないため、これを予防する野菜や果物が話題となります。古くから、その効果がいわれてきたものの一つに、ウコンがあります。

ウコンは熱帯アジア原産のショウガ科の植物で、英語名は、ターメリックです。日本では、暖かい沖縄県や九州の一部などで栽培されています。学名は「クルクマ　ロンガ」です。

クルクマは、アラビア語の「黄色い」を意味する「kurkum」に由来し、ロンガは「長い」を意味します。これらは、この植物の食用部に当たる根茎の内部の色と形にちなむと思われます。

今からおよそ２００年前の１８１５年にフランスの薬学者がウコンから初めて薬効のある成分を見つけました。それが、根茎に含まれる黄色い色素で、学名のクルクマに由来して「クルクミン」と名づけられています。

ウコンには、春ウコンと秋ウコンがあります。一般的に、秋ウコンは春ウコンに比べて脂肪が多く、クルクミンも多く含まれています。冬に備えてウコンは栄養として脂肪を蓄えます。それに応じて、クルクミンも多く含まれます。身近なものでは、クルクミンは、カレー粉に含まれる黄色の色素として知られています。

クルクミンが、私たちの健康に、どのような効果をもたらすのかについての研究は積極的に行われています。現在、クルクミンには、主に三つの効果が知られています。

一つ目は、クルクミンが、肝臓の働きを助け、血液中のアルコール濃度を低く抑えることです。そのため、二日酔いを和らげる効果があるということで、錠剤やドリンク剤が多く発売されています。しかし、この効果について意外な事実が判明しました。

クルクミンによって、どの程度速く血液中からアルコールがなくなるのかを調べるための実験が、ハウスウェルネスフーズ株式会社のウコン研究所で行われました。ネズミを二つのグループに分け、それぞれに、クルクミンを同じ濃度で含んだ2種類のウコンエキスの入った餌を与えました。クルクミンの濃度は同じなので、同じ量を与えていれば、同じ結果が出るはずです。

ところが、クルクミンの量は同じなのに、二つのウコンエキスを与えたネズミの血液中のアルコール濃度の上昇を抑える効果は同じではなかったのです。ということは、ウコンエキスの中に、クルクミン以外に、血液中のアルコール濃度の上昇を抑える物質が入っていることになります。

事実、その通りでした。２０１３年にウコンから新たに見出された成分が、「ビサクロン」という物質です。ウコンは、ビサクロンとクルクミンの二つの物質で、血液中のアルコールの濃度を低く抑えているのです。

二つ目は、クルクミンが膝関節の痛みを和らげる効果です。２０１６年、国立病院機構京都医療センター整形外科が膝関節症の人に対してクルクミンの効果を調べた研究があります。参加した人は40歳以上の50人です。

二つのグループに分け、一つのグループには、吸収されやすいように工夫されたクルクミンである「セラクルミン」を、毎日、８週間飲んでもらいました。もう一方のグループには、クルクミンが入っていないよく似た錠剤を飲んでもらいました。８週間後に膝の痛みを計測しました。

すると、セラクルミンを飲んでいたグループでは、膝の痛みが和らいでいました。二つのグループには、どちらの錠剤を飲んでいたかは知らされていませんので、セラクルミンが膝の痛みに効果がある可能性が考えられます。

## ウコンは、認知症を防ぐか？

三つ目は、クルクミンは、認知症の予防に効果があるといわれてきたことです。「ほんとうにこの物質が認知症を予防する効果があるのか」との疑問に対し、「カレーをよく食べているインド人には、認知症の人が少ない」といわれます。

「インドでは、平均寿命が日本ほど長くないので、高齢者が少ないため、認知症患者が少ないだけではないか」との反論もあります。しかし、65歳以上の高齢者に対し、認知症の症状をもつ人の割合は、日本人では約14パーセントに対し、インド人では約５・３パーセントという数値があります。

また、認知症の中でもっとも多いアルツハイマー病では、インドでの70歳以上の患者数が、アメリカと比較して、４分の1だという調査結果があります。日本、カナダ、スイス、ドイツ、南アフリカ、メキシコ、インドネシア、韓国、中国、インドの10カ国で認知症を発症する人の割合を比較すると、もっとも少ないのはインドです。

認知症の診断基準や受診率、また、健康への意識など各国に違いがあり、データに表れないさまざまな要因はあります。でも、公表されているデータだけで比較すると、インドの認知症発症者の割合は低いのです。これは、カレーに含まれるクルクミンのおかげかもしれません。

実際に、クルクミンが認知症を予防する効果については、いくつかの研究結果が発表されています。最近では、２０１８年1月に、アメリカのカリフォルニア大学の研究グループの研究が、アメリカの老年精神医学会誌に発表されました。

研究に用いたクルクミンは、吸収しやすく工夫されたセラクルミンです。用いられたセラクルミンにはクルクミンが約90ミリグラム含まれており、１日に2回対象者に飲んでもらいました。つまり、１日に１８０ミリグラムのクルクミンを摂取したことになります。

対象者40人に18カ月間セラクルミンを飲んでもらいました。年齢は51～84歳、認知障害のない健常者、または、日常生活に支障をきたさない軽度の認知機能の低下した人だけが対象でした。

18カ月後に、認知機能テストとして、「記憶」「注意（集中力）」を検査しています。さらに、脳の画像診断を行っています。画像診断には、アルツハイマー病の特徴である老人斑と神経原線維変化を検出する技術が用いられました。この最新の技術を用いると、アルツハイマー病の患者さんでは、異常な信号が多く検出されることがわかっています。

その結果、「記憶」「注意（集中力）」テストでは、セラクルミンを飲んだ人は、セラクルミンを飲まない人に比べて、高い点数を得ました。また、軽度の認知機能の低下した人の中で、セラクルミンを飲んだ人では、画像診断で、異常な信号が低下していました。

# おわりに

　私は、植物たちの生き方、植物たちと私たち人間のかかわり、植物たちが健康に貢献してくれていることなどをテーマに、いく冊かの著書を上梓《じょうし》してきました。でも、植物たちの世界は広く、奥が深く、読者に伝えたいことは、まだまだ尽きることがありません。植物たちは、私の知識の及ばない範囲でも多岐にわたって活躍しています。そこにも、植物たちが主役となるテーマは多くあります。植物たちが私たちとともに生きていることを伝えたいとき、私は、それらをテーマに植物たちの活躍を紹介しようと思います。たとえば、本書の内容のように、植物たちがつくり出す物質が、私たちの健康とかかわり、ときには毒となり、ときには薬にもなるというものです。これらのテーマは、医学・疫学の世界にまたがっています。

　私には、この方面の正確で詳細な知識はありませんので、これらを伝えようとすると、「このように、いわれています」という伝聞の形にならざるを得ないことがあります。また、正確な裏づけをとらずに、そのような話題を伝えていいのかを迷います。

そのような折、「それらの話題に、医学的、疫学的な裏づけがほしい」「科学的に、正確な情報が知りたい」「その研究の歴史的な背景が知りたい」と思うことが、多々あります。でも、専門分野が異なるために、私には、歯がゆい思いをすることがありました。

私のその思いを知り、その思いをかなえてくれる役割を引き受けてくださったのが、丹治邦和博士（医学）です。丹治氏には、本書の内容について、心置きなく、医学的、疫学的な背景を聞き、調べていただき、科学的な裏づけを確認していただきました。また、その分野の新鮮で興味深い話題や情報を提供していただきました。そのため、本書は、丹治氏と共著という形をとり、出版に至りました。

そのおかげで、私の心の中で、植物たちの世界はますます奥深くなり、植物たちの活躍を分野を広げて紹介することができました。私にとっても、植物たちにとっても、これはうれしいことです。

最後に、原稿をお読みくださり、貴重な御意見をくださった、弘前大学大学院医学研究科脳神経病理学講座　若林孝一教授（医学博士）、弘前大学大学院医学研究科脳血管病態

学講座　今泉忠淳教授（医学博士）、（国研）農研機構本部企画戦略本部研究推進部プロジェクト獲得推進室　アキリ亘博士（理学）に心からの謝意を表します。

また、本書を企画し、本書の趣旨をご理解いただき、出版にこぎつけてくださった幻冬舎編集部の木原いづみ氏に深く感謝いたします。最後に、読者に届くまでに、ひとかたならぬご尽力をくださった方々に、心から御礼申し上げます。

田中　修

# 参考論文・報告書

## 第1章

論文

1 高木 加代子, 豊田 正武, 藤山 由起, 斎藤 行生: ジャガイモ中のα-チャコニン及びα-ソラニンの加熱調理による影響. 食品衛生学雑誌 31: 67-73, 1990.

2 Nakayasu M, Akiyama R, Lee HJ, Osakabe K, Osakabe Y, Watanabe B, Sugimoto Y, Umemoto N, Saito K, Muranaka T and Mizutani M: Generation of α-solanine-free hairy roots of potato by CRISPR/Cas9 mediated genome editing of the St16DOX gene. Plant Physiol Biochem 131: 70-77, 2018.

3 Sundrud MS, Koralov SB, Feuerer M, Calado DP, Kozhaya AE, Rhule-Smith A, Lefebvre RE, Unutmaz D, Mazitschek R, Waldner H, Whitman M, Keller T and Rao A: Halofuginone inhibits TH17 cell differentiation by activating the amino acid starvation response. Science 324: 1334-1338, 2009.

4 Moxley RA, Schneider NR, Steinegger DH and Carlson MP: Apparent toxicosis associated with lily-of-the-valley (Convallaria majalis) ingestion in a dog. J Am Vet Med Assoc 195: 485-487, 1989.

## 第2章

論文

5 Domon H, Hiyoshi T, Maekawa T, Yonezawa D, Tamura H, Kawabata S, Yanagihara K, Kimura O, Kunitomo E and Terao Y: Antibacterial activity of hinokitiol against both antibiotic-resistant and -susceptible pathogenic bacteria that predominate in the oral cavity and upper airways. Microbiol Immunol 63: 213-222, 2019.

## 第3章

論文

6 Gorelick PB and Weisman SM: Risk of hemorrhagic stroke with aspirin use: an update. Stroke 36: 1801-1807, 2005.

## 第4章

論文

7 Ito N, Seki S and Ueda F: The protective role of astaxanthin for UV-induced skin deterioration in healthy people-a randomized, double-blind, placebo-controlled trial. Nutrients 10: 2018.

8 Saito E, Inoue M, Sawada N, Shimazu T, Yamaji T, Iwasaki M, Sasazuki S, Noda M, Iso H and Tsugane S: Association of coffee intake with total and cause-specific mortality in a Japanese population: the Japan Public Health Center-based Prospective Study. Am J Clin Nutr 101: 1029-1037, 2015.

9 Saito E, Inoue M, Sawada N, Shimazu T, Yamaji T, Iwasaki M, Sasazuki S, Noda M, Iso H and Tsugane S: Association of green tea consumption with mortality due to all causes and major causes of death in a Japanese population: the Japan Public Health Center-based Prospective Study. Ann Epidemiol 25: 512-518 e3, 2015.

10 Tanida M, Niijima A, Shen J, Nakamura T and Nagai K: Olfactory stimulation with scent of essential oil of grapefruit affects autonomic neurotransmission and blood pressure. Brain Res 1058: 44-55, 2005.

11 Shen J, Niijima A, Tanida M, Horii Y, Maeda K and Nagai K: Olfactory stimulation with scent of grapefruit oil affects autonomic nerves, lipolysis and appetite in rats. Neurosci Lett 380: 289-94, 2005.

**第5章**

論文

12 Ano Y, Kita M, Kitaoka S and Furuyashiki T: Leucine-Histidine Dipeptide Attenuates Microglial Activation and Emotional Disturbances Induced by Brain Inflammation and Repeated Social Defeat Stress. Nutrients 11: E2161, 2019.

**第6章**

報告書

13 Prince M, Comas-Herrera A, Knapp M, Guerchet M and Karagiannidou M: World Alzheimer Report 2016. In: https://www.alz.co.uk/research/world-report-2016, London, UK, 2016.

論文

14 Ahuja V, Miura K, Vishnu A, Fujiyoshi A, Evans R, Zaid M, Miyagawa N, Hisamatsu T, Kadota A, Okamura T, Ueshima H and Sekikawa A: Significant inverse association of equol-producer status with coronary artery calcification but not dietary isoflavones in healthy Japanese men. Br J Nutr 117: 260-266, 2017.

15 Moré MI, Freitas U and Rutenberg D: Positive effects of soy lecithin-derived phosphatidylserine plus phosphatidic acid on memory, cognition, daily functioning, and mood in elderly

patients with Alzheimer's disease and dementia. Adv Ther 31: 1247-1262, 2014.

16 Chauhan NB: Effect of aged garlic extract on APP processing and tau phosphorylation in Alzheimer's transgenic model Tg2576. J Ethnopharmacol 108: 385-394, 2006.

17 Ferrara LA, Raimondi AS, d'Episcopo L, Guida L, Dello Russo A and Marotta T: Olive oil and reduced need for antihypertensive medications. Arch Intern Med 160: 837-842, 2000.

18 Pitt J, Roth W, Lacor P, Smith AB, 3rd, Blankenship M, Velasco P, De Felice F, Breslin P and Klein WL: Alzheimer's-associated β oligomers show altered structure, immunoreactivity and synaptotoxicity with low doses of oleocanthal. Toxicol Appl Pharmacol 240: 189-197, 2009.

19 Abuznait AH, Qosa H, Busnena BA, El Sayed KA and Kaddoumi A: Olive-oil-derived oleocanthal enhances β-amyloid clearance as a potential neuroprotective mechanism against Alzheimer's disease: in vitro and in vivo studies. ACS Chem Neurosci 4: 973-982, 2013.

20 Small GW, Siddarth P, Li Z, Miller KJ, Ercoli L, Emerson ND, Martinez J, Wong KP, Liu J, Merrill DA, Chen ST, Henning SM, Satyamurthy N, Huang SC, Heber D and Barrio JR: Memory and Brain Amyloid and Tau Effects of a Bioavailable Form of Curcumin in Non-Demented Adults: A Double-Blind, Placebo-Controlled 18-Month Trial. Am J Geriatr Psychiatry 26: 266-277, 2017.

# 参考文献

A.W.Galston「Life processes of plants」Scientific American Library 1994

Hardin JW, Arena JM「Human poisoning from native and cultivated plants」Duke University Press, 2nd ed 1974

Qing Li「Forest Medicine」Nova Science Publishers Press 2011

P.F.Wareing & I.D.J.Phillips（古谷雅樹監訳）「植物の成長と分化」〈上・下〉 学会出版センター 一九八三

World Health Organization「World Malaria Report 2018」World Health Organization 2019

田中修「緑のつぶやき」 青山社 一九九八

田中修「つぼみたちの生涯」 中公新書 二〇〇〇

田中修「ふしぎの植物学」 中公新書 二〇〇三

田中修「クイズ 植物入門」 講談社 ブルーバックス 二〇〇五

田中修「入門 たのしい植物学」 講談社 ブルーバックス 二〇〇七

田中修「雑草のはなし」 中公新書 二〇〇七

田中修「葉っぱのふしぎ」 SBクリエイティブ サイエンス・アイ新書 二〇〇八

田中修「都会の花と木」 中公新書 二〇〇九

田中修「花のふしぎ100」 SBクリエイティブ サイエンス・アイ新書 二〇〇九

田中修「植物はすごい」 中公新書 二〇一二

田中修「タネのふしぎ」　SBクリエイティブ　サイエンス・アイ新書　二〇一二
田中修「フルーツひとつばなし」　講談社現代新書　二〇一三
田中修「植物のあっぱれな生き方」　幻冬舎新書　二〇一三
田中修「植物は命がけ」　中公文庫　二〇一四
田中修「植物は人類最強の相棒である」　PHP新書　二〇一四
田中修「植物の不思議なパワー」　NHK出版　二〇一五
田中修「植物はすごい　七不思議篇」　中公新書　二〇一五
田中修「植物学『超』入門」　SBクリエイティブ　サイエンス・アイ新書　二〇一六
田中修「ありがたい植物」　幻冬舎新書　二〇一六
田中修「植物のかしこい生き方」　SB新書　二〇一八
田中修「植物のひみつ」　中公新書　二〇一八
田中修「植物の生きる『しくみ』にまつわる66題」　SBクリエイティブ　サイエンス・アイ新書　二〇一九
田中修「植物はおいしい」　ちくま新書　二〇一九
田中修・高橋亘「知って納得！　植物栽培のふしぎ」　B&Tブックス　日刊工業新聞社　二〇一七
田中修監修　ABCラジオ「おはようパーソナリティ道上洋三です」編「花と緑のふしぎ」　神戸新聞総合出版センター　二〇〇八
日野原重明・天野暁「病気にならない15の食習慣」　青春出版社　二〇〇八
日野原重明・篠田桃紅・堀文子・入江一子・後藤純男・高山辰雄「一〇〇歳が聞く一〇〇歳の話」　実業之日本社　二〇一五

## 著者略歴

### 田中《たなか》 修《おさむ》

一九四七年京都府生まれ。農学博士。京都大学農学部博士課程修了。米国スミソニアン研究所博士研究員などを経て、甲南大学特別客員教授・名誉教授。専門は植物生理学。『植物はすごい』『植物のひみつ』『植物はすごい　七不思議篇』(以上中公新書)、『植物のあっぱれな生き方』『ありがたい植物』(以上幻冬舎新書)、『日本の花を愛おしむ　令和の四季の楽しみ方』(中央公論新社)、『植物はおいしい』(ちくま新書)など著書多数。

### 丹治《たんじ》邦和《くにかず》

一九六九年京都府生まれ。神戸大学農学部卒業。東京大学農学系研究科修士課程修了。弘前大学医学部脳神経疾患研究施設神経病理部門助手、米国テキサス大学内科学教室博士研究員、米国MDアンダーソンがんセンター博士研究員を経て、現在は弘前大学大学院医学系研究科脳神経病理学講座助教。

幻冬舎新書 583

植物はなぜ毒があるのか
草・木・花のしたたかな生存戦略

二〇二〇年三月二十五日　第一刷発行
二〇二〇年四月　十　日　第二刷発行

著者　田中　修＋丹治邦和
発行人　志儀保博
編集人　小木田順子
編集者　木原いづみ
発行所　株式会社　幻冬舎
〒一五一-〇〇五一　東京都渋谷区千駄ヶ谷四-九-七
電話　〇三-五四一一-六二一一(編集)
〇三-五四一一-六二二二(営業)
振替　〇〇一二〇-八-七六七六四三
ブックデザイン　鈴木成一デザイン室
印刷・製本所　株式会社　光邦


Printed in Japan　ISBN978-4-344-98585-8 C0295
た-14-3

幻冬舎ホームページアドレス https://www.gentosha.co.jp/
＊この本に関するご意見・ご感想をメールでお寄せいただく場合は、comment@gentosha.co.jp まで。